"十三五""十四五"职业教育国家规划教材《园林工程计量与计价》（第四版）配套教材

浙江省高职院校"十四五"重点立项建设教材

温州市教育局职业教育区域特色教材建设成果

园林工程计价实训教程

主 编　周海萍

副主编　李永胜　夏　卿　应苗苗

参　编　林墨洋　余清滢　杨　尧
　　　　刘淑贤　郭朋辉　卢承志
　　　　　　　　　　　　袁丽君

中国电力出版社
CHINA ELECTRIC POWER PRESS

内 容 提 要

本书为"十三五""十四五"职业教育国家规划教材、浙江省"十三五"新形态教材《园林工程计量与计价》的配套实训教材。

本书共 28 个实训项目，包括认识园林工程图纸，了解园林施工管理流程，了解工程计价起源与基本概念，梳理园林工程计价依据，归纳基础定额的使用要点，明晰计价性定额编制原理和方法，解读工程造价的构成，应用园林绿化工程预算定额，乔木移植工程计价技能训练，外购苗木种植工程计价技能训练，园路工程计价能力训练，假山工程计价能力训练，绿化工程工程量清单编制，园林绿化、园路、假山工程工程量清单编制技能训练，绿化工程、园路和假山工程工程量清单报价表编制等。结合主教材《园林工程计量与计价》的内容，按教学单元设计编排了实训内容，并配套制作了丰富多媒体资源。另外还建设了数字教材，方便教师和读者选用。

本书可作为职业院校工程造价、园林工程技术、园林技术、园艺等专业的教材，也可作为园林建设单位、设计单位、施工单位、监理单位等相关工程技术与管理人员的学习参考用书。

图书在版编目（CIP）数据

园林工程计价实训教程 / 周海萍主编；李永胜，夏卿，应苗苗副主编. -- 北京：中国电力出版社，2025.9. -- ISBN 978-7-5198-9686-7

Ⅰ. TU986.3

中国国家版本馆 CIP 数据核字第 2025UG5258 号

出版发行：中国电力出版社

地　　址：北京市东城区北京站西街 19 号（邮政编码 100005）

网　　址：http://www.cepp.sgcc.com.cn

责任编辑：熊荣华（010-63412375）

责任校对：黄　蓓　王小鹏

装帧设计：张俊霞

责任印制：吴　迪

印　　刷：北京锦鸿盛世印刷科技有限公司

版　　次：2025 年 9 月第一版

印　　次：2025 年 9 月北京第一次印刷

开　　本：787 毫米×1092 毫米　16 开本

印　　张：14

字　　数：422 千字

定　　价：45.00 元

在日新月异的数字化时代，园林工程计价作为园林学科的关键组成部分，正面临着前所未有的转型挑战。为了与时俱进，优化教学模式，满足新时代对专业人才培养的需求，《园林工程计价实训教程》应运而生。于此背景下，凭借先进的设计理念与前沿技术手段，构建了一套集互动性、实用性于一体的现代化教学资源体系。

本教材巧妙融合"信息赋能、虚实交融"两大理念，采用"纸质教材＋数字资源"双轨制教学模式，将 BOPPPS 教学法与丰富多媒体资源相结合，实现"导引、训练、测评、反思、评估"五维合一，完美契合信息化时代下的混合式教学目标与"金课"建设的新期待。

依托国家规划教材《园林工程计量与计价》，本教材在数字平台上精心设计了与纸质教材相呼应的实训章节，确保内容紧密相连且层次分明，覆盖关键理论与实战技巧，为学生铺设了一条从认知到精通的学习之路。

本教材创造性地引入了图谱表单式的编排风格，打破了传统的输出式编写形式，学生自主整理课程知识点，及时反馈课堂教学效果；加之自主研发的"园林工程计量与计价虚拟仿真实训软件"，以及学习云平台的强大支持，构筑了一个多主体、全方位、立体化的互动学习生态圈；通过模拟企业环境与课程竞赛，营造身临其境的学习氛围，极大激发了学生的参与热情与探索欲望。

针对中、高职教育的一体化衔接难题，本教材也有所突破，通过增设专门的衔接模块，深化学生对园林工程图纸解读与施工基础知识的理解，打牢专业根基；继而进入计价依据与造价结构的剖析，再到具体计价手法的精炼掌握，直至电算化计价的应用与招投标实务，层层递进，环环相扣，令每一位读者都能循序渐进地成长为行业所需的复合型人才。

总之，《园林工程计价实训教程》不仅是对传统教学模式的一次深刻革新，也是对园林工程教育现代化转型的有力助推。其卓越的教学设计理念与实践导向，无疑将为我国园林工程教育乃至整个行业的未来发展注入全新动力，培养出一批又一批兼具深厚理论功底与实践能力的未来工程师，引领中国园林事业迈向更加辉煌的篇章。

本书由温州科技职业学院周海萍任主编，温州科技职业学院李永胜、夏卿、应苗苗任副主编，参与编写的还有温州科技职业学院林墨洋、余清滢，文成县职业高级中学杨尧，浙江省瑞安市农业技术学校袁丽君，浙江绿艺建设有限公司刘淑贤，泰顺县职业教育中心郭朋辉，杭州博古科技有限公司卢承志。

限于编者水平，不足之处请读者批评指正。

目录

前言

学习情境一　园林工程识图与施工基础

项目1　认识园林工程图纸 ·· 2

1.1　项目情感准备 ·· 2

1.2　项目知识提炼 ·· 3

　　任务 1-1　明确施工图组成 ·· 3

　　任务 1-2　认识图纸文字组成 ··· 3

　　任务 1-3　识读图纸总图部分 ··· 5

　　任务 1-4　识读图纸详图部分 ··· 7

1.3　项目技能提升 ·· 9

　　任务 1-5　整理工程图纸 ·· 9

　　任务 1-6　读懂文字说明 ·· 9

　　任务 1-7　根据施工部位查找材料 ·· 10

　　任务 1-8　分析景墙详图 ·· 11

1.4　小结与提升——书今之所悟 ··· 11

1.5　拓展延伸 ··· 12

项目2　了解园林施工管理流程 ··· 13

2.1　项目情感准备——古往今来话 ·· 13

2.2　项目知识提炼 ·· 14

　　任务 2-1　认识园林工程材料 ··· 14

　　任务 2-2　了解园林工程施工准备内容 ·································· 15

　　任务 2-3　熟悉园林工程施工流程 ·· 16

　　任务 2-4　理清园林工程竣工流程 ·· 17

2.3　项目技能提升 ·· 18

　　任务 2-5　检查与报验施工材料质量 ····································· 18

　　任务 2-6　读懂施工进度计划 ··· 19

　　任务 2-7　整理微型庭院施工流程 ·· 20

任务 2-8　整理竣工验收资料···21

2.4　小结与提升——书今之所悟··22

2.5　拓展延伸··22

学习情境二　计价依据与造价构成

项目 3　了解工程计价起源与基本概念···24

3.1　项目情感准备——古往今来话··24

3.2　项目知识提炼··25

任务 3-1　整理定额性质···25

任务 3-2　划分基本建设项目···25

任务 3-3　了解基本建设程序···26

任务 3-4　初识工程计价基本方法··27

3.3　项目技能提升··27

任务 3-5　在造价软件中划分项目层次··27

任务 3-6　造价员成长规划··28

3.4　小结与提升——书今之所悟··28

3.5　拓展延伸··28

项目 4　梳理园林工程计价依据···30

4.1　项目情感准备——古往今来话··30

4.2　项目知识提炼··31

任务 4-1　整理 2010 版体系下的园林相关定额补充······································31

任务 4-2　整理 2018 版计价体系···33

4.3　项目技能提升··34

任务 4-3　整理 2018 版体系下的园林相关定额补充······································34

4.4　小结与提升——书今之所悟··35

4.5　拓展延伸··36

项目 5　归纳基础定额的使用要点···37

5.1　项目情感准备——古往今来话··37

5.2　项目知识提炼··38

任务 5-1　整理定额的分类···38

任务 5-2　整理人工消耗定额的组成和编制方法··39

任务 5-3　整理材料消耗定额的组成和编制方法··40

任务 5-4　整理机械台班消耗定额的组成和编制方法······································41

5.3 项目技能提升 42

    任务 5-5   查找相关的基础定额并写出其含义 42

5.4 小结与提升——书今之所悟 43

5.5 拓展延伸 43

项目 6 明晰计价性定额编制原理和方法 45

6.1 项目情感准备——古往今来话 45

6.2 项目知识提炼 46

    任务 6-1   了解企业定额和预算定额相关概念和区别 46

    任务 6-2   了解预算定额的基础单价的组成 47

    任务 6-3   整理园林绿化预算定额组成 47

    任务 6-4   整理预算定额的应用方法 48

6.3 项目技能提升 50

    任务 6-5   分析预算定额基础单价构成 50

    任务 6-6   识读预算定额表的组成 50

6.4 小结与提升——书今之所悟 51

6.5 拓展延伸 51

项目 7 解读工程造价的构成 53

7.1 项目情感准备——古往今来话 53

7.2 项目知识提炼 54

    任务 7-1   整理建设工程费用组成 54

    任务 7-2   整理计价体系变化要点 54

7.3 项目技能提升 57

    任务 7-3   工料单价法计算建设工程总造价 57

    任务 7-4   清单计价表计算建设工程总造价 59

7.4 小结与提升——书今之所悟 61

7.5 拓展延伸 62

学习情境三   工料单价法原理计价

项目 8 应用园林绿化工程预算定额 64

8.1 项目情感准备——古往今来话 64

8.2 项目知识提炼 65

    任务 8-1   解读定额总说明 65

    任务 8-2   分析绿化部分定额说明 66

任务 8-3　分析绿化定额相关术语 ·· 67

8.3　项目技能提升 ··· 68

任务 8-4　测量记录乔木规格 ··· 68

任务 8-5　换算苗木定额 ·· 68

8.4　小结与提升——书今之所悟 ··· 69

8.5　拓展延伸 ·· 70

项目 9　计算乔木移植工程造价 ·· 71

9.1　项目情感准备——古往今来话 ·· 71

9.2　项目知识提炼 ··· 72

任务 9-1　分析绿化定额相关术语 ··· 72

9.3　项目技能提升 ··· 73

任务 9-2　测量分析技术措施工程量 ·· 73

任务 9-3　计算树木迁移种植工程造价 ··· 74

任务 9-4　计算树木迁移种植工程造价（与定额不同） ································ 75

9.4　小结与提升——书今之所悟 ··· 78

9.5　拓展延伸 ·· 78

项目 10　虚拟仿真——训练乔木移植工程计价技能 ·· 79

10.1　项目情感准备——古往今来话 ·· 79

10.2　项目知识提炼 ··· 80

任务 10-1　整理土方量与土球直径换算方法 ·· 80

10.3　项目技能提升 ··· 81

任务 10-2　计算树木迁移种植工程造价（虚拟仿真） ································· 81

任务 10-3　计算树木迁移种植工程造价（与定额不同——虚拟仿真） ··········· 82

10.4　小结与提升 ··· 84

10.5　拓展延伸——书今之所悟 ··· 84

项目 11　计算外购苗木种植工程造价 ··· 85

11.1　项目情感准备——古往今来话 ·· 85

11.2　项目知识提炼 ··· 86

任务 11-1　分析绿化定额相关术语 ·· 86

11.3　项目技能提升 ··· 86

任务 11-2　计算外购苗木种植工程造价 ·· 86

11.4　小结与提升——书今之所悟 ··· 89

11.5　拓展延伸 ·· 89

项目 12 虚拟仿真——训练外购苗木种植工程计价技能 ································ 91

　　12.1 项目情感准备——古往今来话 ································ 91

　　12.2 项目知识提炼 ································ 92

　　　　任务 12-1 整理丛生乔木定额选取方法 ································ 92

　　12.3 项目技能提升 ································ 93

　　　　任务 12-2 计算外购苗木种植工程造价（虚拟仿真） ································ 93

　　12.4 小结与提升——书今之所悟 ································ 94

　　12.5 拓展延伸 ································ 95

项目 13 计算园路工程造价 ································ 96

　　13.1 项目情感准备——古往今来话 ································ 96

　　13.2 项目知识提炼 ································ 97

　　　　任务 13-1 整理园路结构类型 ································ 97

　　　　任务 13-2 分析园路结构 ································ 98

　　　　任务 13-3 整理园路计算规则 ································ 98

　　13.3 项目技能提升 ································ 99

　　　　任务 13-4 计算园路工程量 ································ 99

　　　　任务 13-5 换算园路定额 ································ 101

　　13.4 小结提升——书今之所悟 ································ 102

　　13.5 拓展延伸 ································ 103

项目 14 虚拟仿真——训练园路工程计价能力 ································ 104

　　14.1 项目情感准备——古往今来话 ································ 104

　　14.2 项目知识提炼 ································ 105

　　　　任务 14-1 整理园路面层变化 ································ 105

　　14.3 项目技能提升 ································ 106

　　　　任务 14-2 计算园路工程造价（无侧石——虚拟仿真） ································ 106

　　　　任务 14-3 计算园路工程造价（有侧石——虚拟仿真） ································ 107

　　14.4 小结与提升——书今之所悟 ································ 108

　　14.5 拓展延伸 ································ 108

项目 15 计算假山工程造价 ································ 109

　　15.1 项目情感准备——古往今来话 ································ 109

　　15.2 项目知识提炼 ································ 110

　　　　任务 15-1 整理假山类型 ································ 110

　　　　任务 15-2 整理假山计算规则 ································ 111

15.3 项目技能提升 ·· 112

　　任务 15-3　计算假山工程量 ··· 112

　　任务 15-4　计算假山工程造价（虚拟仿真）·············· 113

15.4 小结与提升——书今之所悟 ···························· 115

15.5 拓展延伸 ·· 115

学习情境四　综合单价法计价

项目 16　编制绿化工程工程量清单 ··· 118

16.1 项目情感准备——古往今来话 ································· 118

16.2 项目知识提炼 ·· 119

　　任务 16-1　整理工程量与工程计量相关概念 ············· 119

　　任务 16-2　明晰工程量清单与工程量清单计价 ··········· 120

　　任务 16-3　整理清单计价与定额计价的关系 ············· 121

　　任务 16-4　整理工程量清单构成 ······················· 121

16.3 项目技能提升 ·· 122

　　任务 16-5　编制绿化种植工程量清单 ··················· 122

16.4 小结与提升——书今之所悟 ···························· 125

16.5 拓展延伸 ·· 125

项目 17　虚拟仿真——训练园林绿化工程工程量清单编制技能 ········· 126

17.1 项目情感准备——古往今来话 ································· 126

17.2 项目知识提炼 ·· 127

　　任务 17-1　解读园林绿化工程工程量计算规范 ··········· 127

17.3 项目技能提升 ·· 127

　　任务 17-2　编制种植工程量清单（虚拟仿真）··········· 127

　　任务 17-3　编制绿地整理工程量清单（虚拟仿真）······· 130

17.4 小结与提升——书今之所悟 ···························· 132

17.5 拓展延伸 ·· 132

项目 18　编制园路、假山工程工程量清单 ··································· 133

18.1 项目情感准备——古往今来话 ································· 133

18.2 项目知识提炼 ·· 134

　　任务 18-1　解读园路工程量计算规范 ··················· 134

　　任务 18-2　解读假山工程量计算规范 ··················· 135

18.3 项目技能提升 ·· 136

任务 18-3　编制园路工程量清单 ··· 136

任务 18-4　编制假山工程量清单 ··· 138

任务 18-5　编制园路工程量清单（虚拟仿真） ···································· 141

任务 18-6　编制景观工程工程量 ··· 142

18.4　小结与提升——书今之所悟 ··· 143

18.5　拓展延伸 ··· 144

项目 19　编制绿化工程工程量清单报价表 ··· 145

19.1　项目情感准备——古往今来话 ··· 145

19.2　项目知识提炼 ·· 146

任务 19-1　整理工程量清单计价原理 ··· 146

19.3　项目技能提升 ·· 146

任务 19-2　编制绿化工程量清单报价（含虚拟仿真） ·························· 146

任务 19-3　编制综合性绿化工程量清单报价 ······································ 149

19.4　小结与提升——书今之所悟 ··· 151

19.5　拓展延伸 ··· 151

项目 20　编制园路、假山工程工程量清单报价表 ······································ 153

20.1　项目情感准备——古往今来话 ··· 153

20.2　项目知识提炼 ·· 154

任务 20-1　整理投标人估价和报价策略 ··· 154

20.3　项目技能提升 ·· 154

任务 20-2　编制园路工程工程量清单报价 ·· 154

任务 20-3　编制综合性园路工程、假山工程工程量清单报价 ··············· 156

20.4　小结与提升——书今之所悟 ··· 159

20.5　拓展延伸 ··· 159

学习情境五　园林工程电算化计价

项目 21　新建造价项目文件 ·· 161

21.1　项目情感准备——古往今来话 ··· 161

21.2　项目知识提炼 ·· 162

任务 21-1　了解数字化造价工具 ··· 162

任务 21-2　熟悉图纸并明确计价依据 ··· 162

任务 21-3　整理材料信息 ··· 163

21.3　项目技能提升 ·· 163

　　　　任务 21-4　新建造价项目文件 ··· 163

　　　　任务 21-5　填写工程概况中的工程信息 ··· 163

　　　　任务 21-6　编写清单编制说明 ·· 164

　　21.4　小结与提升——书今之所悟 ·· 165

　　21.5　拓展延伸 ·· 165

　　21.6　项目评分表 ··· 165

项目 22　编制园林工程工程量清单 ·· 167

　　22.1　项目情感准备——古往今来话 ·· 167

　　22.2　项目知识提炼 ·· 168

　　　　任务 22-1　整理 CAD 统计命令 ··· 168

　　22.3　项目技能提升 ·· 168

　　　　任务 22-2　编制绿化部分工程量清单 ··· 168

　　　　任务 22-3　编制景观部分工程量清单 ··· 169

　　22.4　小结与提升——书今之所悟 ·· 169

　　22.5　拓展延伸 ·· 169

　　22.6　项目评分表 ··· 170

项目 23　编制绿化部分招标控制价 ·· 171

　　23.1　项目情感准备——书今之所悟 ·· 171

　　23.2　项目知识提炼 ·· 171

　　　　任务 23-1　整理计算绿化部分计价用工程量 ··································· 171

　　23.3　项目技能提升 ·· 172

　　　　任务 23-2　编写控制价清单编制说明 ··· 172

　　　　任务 23-3　编制绿化部分招标控制价 ··· 173

　　23.4　小结与提升——书今之所悟 ·· 173

　　23.5　拓展延伸 ·· 174

　　23.6　项目评分表 ··· 174

项目 24　编制景观部分招标控制价 ·· 175

　　24.1　项目情感准备——古往今来话 ·· 175

　　24.2　项目知识提炼 ·· 176

　　　　任务 24-1　整理计算景观部分计价用工程量 ··································· 176

　　24.3　项目技能提升 ·· 176

　　　　任务 24-2　换算园路部分定额 ··· 176

　　　　任务 24-3　编写补充清单及补充定额 ··· 177

24.4 小结与提升——书今之所悟 …………………………………………………… 178

24.5 拓展延伸 …………………………………………………………………………… 178

24.6 项目评分表 ………………………………………………………………………… 178

项目 25　查找信息价和市场价 …………………………………………………………… 179

25.1 项目情感准备——古往今来话 …………………………………………………… 179

25.2 项目知识提炼 ……………………………………………………………………… 180

　　任务 25-1　区分定额单价、信息价、市场价 …………………………………… 180

25.3 项目技能提升 ……………………………………………………………………… 180

　　任务 25-2　调整绿化部分价格 …………………………………………………… 180

　　任务 25-3　调整景观部分价格 …………………………………………………… 181

　　任务 25-4　编写其他项目费用 …………………………………………………… 182

25.4 小结与提升——书今之所悟 …………………………………………………… 182

25.5 拓展延伸 …………………………………………………………………………… 182

25.6 项目评分表 ………………………………………………………………………… 183

项目 26　检查、打印报表与总结 ……………………………………………………… 184

26.1 项目情感准备——古往今来话 …………………………………………………… 184

26.2 项目知识提炼 ……………………………………………………………………… 185

　　任务 26-1　整理需要导出的成果 ………………………………………………… 185

26.3 项目技能提升 ……………………………………………………………………… 185

　　任务 26-2　自检报表解决问题 …………………………………………………… 185

　　任务 26-3　导出报表检查成果 …………………………………………………… 186

26.4 小结与提升——书今之所悟 …………………………………………………… 186

26.5 拓展延伸 …………………………………………………………………………… 187

26.6 项目评分表 ………………………………………………………………………… 187

学习情境六　模拟工程招标书编制实训

项目 27　组建团队及信息整理 ………………………………………………………… 189

27.1 项目情感准备——古往今来话 …………………………………………………… 189

27.2 项目知识提炼 ……………………………………………………………………… 190

　　任务 27-1　了解工程造价咨询企业资质 ………………………………………… 190

　　任务 27-2　整理信息查找渠道 …………………………………………………… 190

　　任务 27-3　了解招投标流程 ……………………………………………………… 191

27.3 项目技能提升 ……………………………………………………………………… 192

任务 27-4　组建工程造价咨询企业 …………………………………………… 192

任务 27-5　查找工程招标相关信息 …………………………………………… 192

任务 27-6　整理目标项目信息 ………………………………………………… 193

27.4　小结与提升——书今之所悟 ………………………………………………… 194

27.5　拓展延伸 ……………………………………………………………………… 194

项目 28　编制招标文件及招标控制价 ………………………………………………… 195

28.1　项目情感准备——古往今来话 ……………………………………………… 195

28.2　项目知识提炼 ………………………………………………………………… 196

任务 28-1　掌握统计施工图的工程量的方法 ………………………………… 196

任务 28-2　了解招投标过程中时间及期限的规定 …………………………… 196

任务 28-3　了解工程招标方式类型 …………………………………………… 197

28.3　项目技能提升 ………………………………………………………………… 198

任务 28-4　制定项目实施进度 ………………………………………………… 198

任务 28-5　编制招标公告及文件 ……………………………………………… 199

任务 28-6　新建工程明确分区 ………………………………………………… 200

任务 28-7　编制分区工程量清单 ……………………………………………… 201

任务 28-8　编制分区工程量清单控制价 ……………………………………… 202

任务 28-9　打印、检查与装订报表 …………………………………………… 203

任务 28-10　项目小结及汇报 ………………………………………………… 204

28.4　小结与提升——书今之所悟 ………………………………………………… 204

28.5　拓展延伸 ……………………………………………………………………… 204

附录 1　实训评价表 …………………………………………………………………… 205

"学习情境五　园林工程电算化计价"总体评价表 ……………………………… 205

"学习情境六　模拟工程招标书编制实训"总体评价表 ………………………… 206

附录 2　企业证件 ……………………………………………………………………… 207

附录 3　造价工程证书 ………………………………………………………………… 210

学习情境一

园林工程识图与施工基础

项目1 认识园林工程图纸

项目导入

工程造价工作就是对一项工程施工进行计算定价的过程，涉及的基础知识有建筑工程制图与识图、工程造价原理、基建程序、招投标管理、合同管理等，而认识图纸、了解图纸中的组成，能看懂图纸中的相关的符号代表的意义，则是施工及造价学习的起点。施工图样标示的各种不同的构造、大小、尺寸的构件提供了第一个工程项目数量的数据。对图样各尺寸的关系必须理解清楚，这是保证准确计算工程量的先决条件。

通过对园林工程施工图纸的解读，结合世界园艺比赛及高职"园林景观设计与施工"比赛的施工图纸和虚拟仿真软件操作，掌握基本的识图和计算统计能力，为造价审图打下基础。

能力目标和要求

➤ 能初步对制图识图的内容进行巩固复习。

➤ 能进行图纸的分类和整理。

➤ 能看懂图纸代表的意义。

1.1 项目情感准备

整理工程图发展时期、阶段和标志性成果或人物。

提示：⬭ 填时期

▢ 填阶段

⬠ 填成果

扫码获取资料
（1.1 项目情感准备）

工程图纸作为技术交流的重要媒介，在机械、建筑及地图绘制等行业中扮演着至关重要的角色。它们通过精确的图形表示和详尽的技术注解，确保了复杂工程信息的有效传递，是连接设计者、工程师与施工人员之间的关键纽带。随着计算机辅助设计（CAD）技术的发展，工程图纸的制作已实现数字化，大幅提升了图纸的精确度和易读性。同时，建筑信息模型（BIM）技术的引入，使得工程图纸在建筑行业中的应用更加深入，实现了从设计到施工乃至维护阶段的信息集成与协同工作。

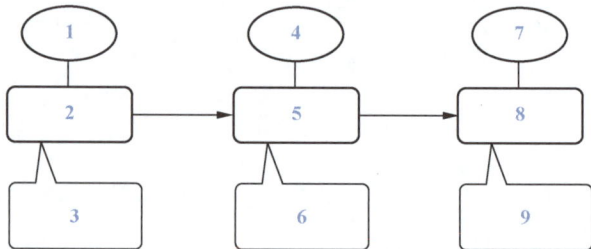

表单填写区

1. _____ 2. _____ 3. _____

4. _____ 5. _____ 6. _____

7. _____ 8. _____ 9. _____

举例填写现行的国产 CAD 软件名称：_____

大国重器：国产工业软件"换道超车"

山东某公司研发的工业软件 CrownCAD R3 版正式上线，产品进一步聚焦用户真实需求，实现功能及专业模块的全面优化提升，再次为我国核心基础工业软件发展按下"加速键"。作为工业领域核心软件，CrownCAD 已在中国商用飞机有限责任公司（简称中国商飞）、中国航空发动机集团有限公司（简称中国航发）、中国石油化工集团有限公司（简称中石化）、中国铁道科学研究院集团有限公司（简称铁科院）、中国建筑科学研究院有限公司（简称建科院）等龙头企业得到验证应用，并助力以 C919 客机为代表的数款"国之重器"的研发设计；三维几何建模引擎技术也广泛应用于国产建筑信息模型、电磁仿真等软件领域。

1.2　项目知识提炼

任务 1-1　明确施工图组成

园林设计分为方案设计、初步设计和施工图设计三个阶段，图纸随着设计的深入而不断细化。施工图预算是控制成本的关键环节，预算员根据施工图设计文件进行成本估算。这些文件包含了所有施工细节，是预算的重要依据。只有确保设计细节的准确性和预算的合理性，才能保证项目的顺利进行和高质量完成。

根据给定材料填写施工图组成。提示：数字部分填写图名，顺序可以打乱。

扫码视频学习（1-1.mp4）
获取资料（1-1 资源）

园林施工图

文字部分	总图部分	详图部分	其他专业部分

1	2	3	4	5	6	7	8	9	10	11	12	13	14	15

表单填写区

1. ＿＿＿＿＿＿　2. ＿＿＿＿＿＿　3. ＿＿＿＿＿＿　4. ＿＿＿＿＿＿

5. ＿＿＿＿＿＿　6. ＿＿＿＿＿＿　7. ＿＿＿＿＿＿　8. ＿＿＿＿＿＿

9. ＿＿＿＿＿＿　10. ＿＿＿＿＿＿　11. ＿＿＿＿＿＿　12. ＿＿＿＿＿＿

13. ＿＿＿＿＿＿　14. ＿＿＿＿＿＿　15. ＿＿＿＿＿＿

任务 1-2　认识图纸文字组成

施工图分为文字部分和图纸部分，这两个部分共同构成了完整的施工蓝图。文字部分，也称为说明书或施工说明书，是对图纸部分的重要补充和详细阐述，它包含了施工过程中的技术要求、操作步骤、材料选择、施工细节处理等关键信息，为施工人员提供了详细的指导和依据。

根据给定材料整理施工图文字部分的组成，再根据封面或目录的相关信息对其信息进行整理。

扫码视频学习（1-2.mp4）
获取资料（1-2 资源）

施工图文字部分

总封面图			施工图目录		施工图设计说明		
1	2	3	基本信息	图纸目录表	9	10	11
4	5	6	7	8	12	13	14

施工图文字部分（表单填写区）

1. _____ 2. _____ 3. _____ 4. _____

5. _____

6. _____ 7. _____

8. _____

9. _____ 10. _____ 11. _____ 12. _____

13. _____ 14. _____

泰顺县罗阳镇怀厦幼儿园项目

幼儿园施工图（工程编号：18-020）

法定代表人：陈某某　　技术负责人：吴某某　　项目负责人：薛某某

林 生设计集团有限公司
Jinson Design Group Co.,Ltd.

建筑行业（建筑工程）甲级
凤景园林工程设计专项乙级 A2134000127 B
市 政 行 业 乙 级
出图日期：2021.02.07

根据左侧封面填写项目相关信息

项目名称：_____

设计单位名称：_____

项目的设计编号：_____

设计阶段：_____

编制单位法定代表人、技术总负责人和项目总负责人：_____

设计日期：_____

页码	图 号	图　名	图幅	张数	备 注
1	ZS-SM	设计与施工说明	A3	1	
2	ZS-01	总平面图	A3	1	比例1：40
3	ZS-02	风格定位平面图	A3	1	比例1：40
4	ZS-03	尺寸标注平面图	A3	1	比例1：40
5	ZS-04	竖向设计平面图	A3	1	比例1：40
6	ZS-05	材料标注平面图	A3	1	比例1：40
7	ZS-06	索引平面图	A3	1	比例1：40
8	YS-01	镂空景墙详图	A3	1	比例1：20
9	YS-03	镂空景墙剖面图	A3	1	比例1：20
10	YS-05	艺术屏风详图	A3	1	比例1：20
11	YS-04	圆凳详图	A3	1	比例1：20
12	YS-05	铺装详图	A3	1	比例1：20
13	YS-06	铺装、侧石、台阶详图	A3	1	比例见图
14	YS-08	木平台龙骨布置图	A3	1	比例1：20
15	YS-08	木平台、栏杆剖面图	A3	1	比例见图
16	YS-09	墙嵌、排水沟详图	A3	1	比例见图
17	YS-10	假山跌水立面图	A3	1	比例1：20
18	YS-11	假山瀑布详图	A3	1	比例1：20
19	YS-12	鱼池剖面图	A3	1	比例1：20
20	YS-13	鱼池池壁及水系管道平面图	A3	1	比例1：30
21	SS-01	景观给水平面布置图	A3	1	比例1：40
22	SS-02	景观排水平面布置图	A3	1	比例1：40
23	DS-01	照明灯具平面布置图	A3	1	比例1：40
24	DS-02	灯具安装详图	A3	1	
25	DS-03	灯具剖面图	A3	1	
26	LS-01	苗木表	A3	1	
27	LS-02	绿化种植总平面图	A3	1	比例1：40
28	LS-03	绿化种植上木平面图	A3	1	比例1：40
29	LS-04	绿化种植下木平面图	A3	1	比例1：40

图纸目录　项目名称 ****庭院景观工程设计　项目号 设191008
子　项　　专业　园林

***园林景观有限公司　编制 李　第1页
校对 陈　第2页

根据左侧目录整理目录内容

项目名称：_____

设计类别：_____

设计单位名称：_____

设计人员：_____

总图部分图别号：_____

详图部分图别号：_____

专业部分图别号：_____

1.1 《园林绿化工程施工及验收规范》 CJJ82-2012 ； 1.2 《城市绿地设计规范》 GB50420-2007(2016 版）； 1.3 《园林绿化工程项目规范》（ GB55014-2021 ）； 1.4 《园林绿化木本苗》 CJ/T24-2018 ； 1.5 《公园设计规范》GB51192-2016； 1.6 项目前期明确实施的方案和论证结果； 1.7 其他资料与现行有关设计规范； 1.8 甲方提供的地形图；　　　　　　　　　**A**	5.1 所有铺贴材料（包括不限于花岗岩、铁艺、木材、油漆颜色等）在施工前均需送样品，经设计单位、建设单位确认后方可使用。 5.2 所有石材压顶及材料见光面原则均须同石材表面原感。面层石材的几何尺寸误差不得超过0.1cm，且要入棱上线，四角方正。做好石材表面的清洁及保护，以免石材层被污染。 5.3 除特殊说明外，铺地仿石材厚度要求：行车道（包括消防车道）为25mm厚，非行车道为18mm厚。 5.4 水景石的选用：本工程所选用的水景石由设计方和甲方共同商定。 5.5 所有木件均应采用直纹一级木料，其含水率不大于12%，须经过防腐处理后方可使用。 5.6 本工程所选用的装饰材料应根据设计确定的材质、规格、色彩及相关技术标准等，由施工单位提供样板，经设计、整理、业主确认后方可施工。主要装饰材料应制作样板，在各方确认后，方可全面施工。 5.7 本工程采用的建筑材料和设备应符合环保要求和行业标准，符合国家和地方的准入制度要求，应有产品合格证书和性能检测报告。材料的品种、规格、性能等应符合现行国家产品标准和设计要求。　　**C**
3.1 工程名：瓯海区儿童友好城市建设项目一期(社区公共服务配套提升工程)活力区 3.2 建设地：温州市瓯海区 3.3 本工程用地总面积_____3411.00_____m²。　　**B**	
1、本工程施工图中尺寸，除标高以米（m）为单位外，其余均以毫米(mm)为单位，标高设计为黄海高程系统。 2、建筑室内与景观交接处上拔点应低于室内标高50mm。建筑1m范围内景观标高不能高于室内标高。　　**D**	1、工程必须达到永久性土方工程的施工要求，要有足够的稳定性和密实度，每300mm夯实一遍。工程质量和艺术造型都符合设计要求。同时在施工中还要遵守有关的技术规范和设计的各种要求，如有出质，土方工程填方的相对密度不小于1%的地基水密度。 2、回填土不得采用有机物的杂土，后应用水恒验的粘土的行回填，并且严格按规定控制回填土的含水率。 3、平台、披道、花坛、草坪等，均在在回填土前基本确定后方施工。 4、绿地标高为地土自然沉降后离地高。　　**E**
3、种植穴、槽的挖掘 　　3.1 种植穴、槽挖掘前，应了解地下管线和隐藏物埋设情况。 　　3.2 种植穴、槽的定点放线后符合下列规定： 　　　3.2.1 种植穴、槽定点放线后符合设计图纸要求，位置必须准确，标记明显。 　　　3.2.2 种植穴定点时应标明中心点位置，种植槽应标明边线。 　　　3.2.3 定点标志应标明树种名称（或代号）、规格。 　　　3.2.4 行道树定点遇有障碍物影响株距时，应与设计单位取得的联系，进行适当调整。 　　3.3 挖掘植穴、槽的大小，后根据苗木根系、土球直径和土壤情况而定。穴、槽必须垂直下挖，上口下底相等，规格应符合表　　3.0.3~1-3　的规定。　　**F**	1、此图为施工设计图，若总平面图与大样图有不符之处以大样图为准。 2、图中有多处类似做法时，若在局部图纸中未做交代，则按己做交代的图纸内容统一做法。 3、施工中有有改动，应与现场设计师商议。 4、切勿以比例量度此图，一切标图内数字所示为准，尺寸量度以处盘实物为准。 5、本工程挡土墙泄水孔的设置和末及技术措施和构造要求均参国标图集17J008。 6、小品及标识系统，如：警示标志、座椅、垃圾桶、导视标牌、门牌等，由甲方或施工单位提供样品，并由我司选型定位确定。 7、安全警示等提示性标识牌具体位置及样式，需由业主单位委托专业单位另行设计。 8、图中未尽事宜请按现行有关规范执行。　　**G**

根据上图分别填写施工图说明的内容组成

A. _____ B. _____ C. _____ D. _____

E. _____ F. _____ G. _____

任务 1-3   识读图纸总图部分

图纸总图部分是施工图的核心组成部分，它为施工提供了整体的布局和框架。总图部分通常包括建筑的平面图、立面图、剖面图以及其他相关的大比例尺图纸，这些图纸详细地展现了建筑的外观、内部结构和空间分布。在施工图总图中，我们可以清晰地看到建筑的尺寸、位置关系以及各个部分之间的连接方式，这些信息对于施工人员来说至关重要。

总平面图、竖向
设计图、索引平面图、
植物配置图等识图

扫码视频学习（1-2.mp4）
获取资料（1-3 资源）

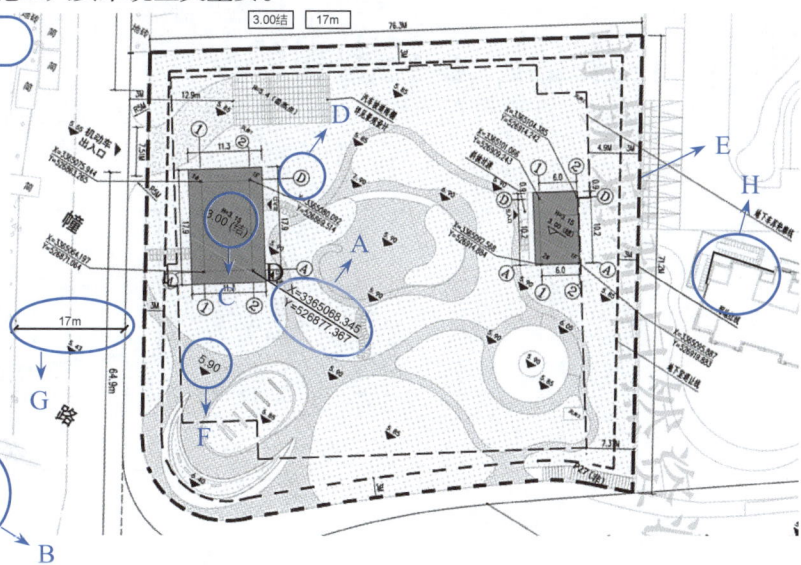

上图为某公园设计总平面图，填写字母所在位置代表的意义

A. _____ B. _____ C. _____ D. _____
E. _____ F. _____ G. _____ H. _____

大国重器：2000 国家大地坐标系

　　我国国家法定坐标系是 2000 国家大地坐标系，之前的法定坐标系是 1980 西安坐标系，再之前的法定坐标系是 1954 北京坐标系。

　　2000 国家大地坐标系是经国务院批准的我国新一代大地坐标系，是我国自主建立、适应现代空间技术发展趋势的地心坐标系，具有三维、地心、高精度等特点。为控制变形，一般的城市都建立了自己独立的坐标系，通俗叫法就是城市坐标系。

　　如杭州 2000 坐标系是在 2000 国家大地坐标系的基础上建立的城市平面坐标系，该坐标系将在全市国土空间规划、日常规划和自然资源审批管理、各类重点项目和交通工程建设中发挥基础保障作用。

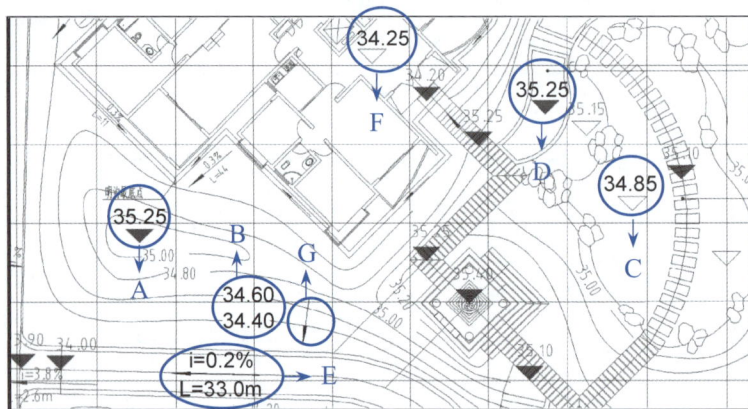

根据左侧竖向设计图，填写字母所在位置代表的意义

A. _____

B. _____

C. _____

D. _____

E. _____

F. _____

G. _____

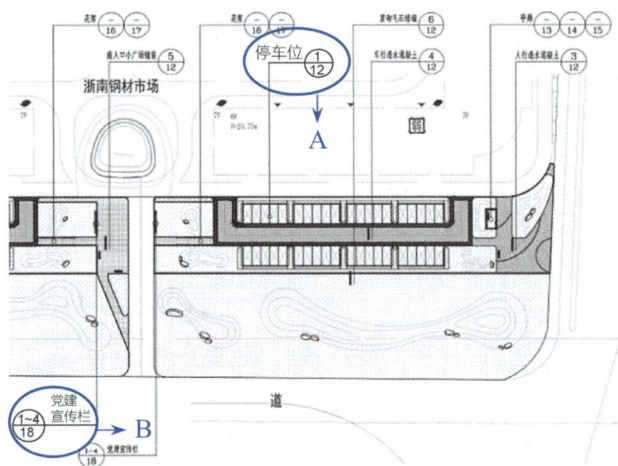

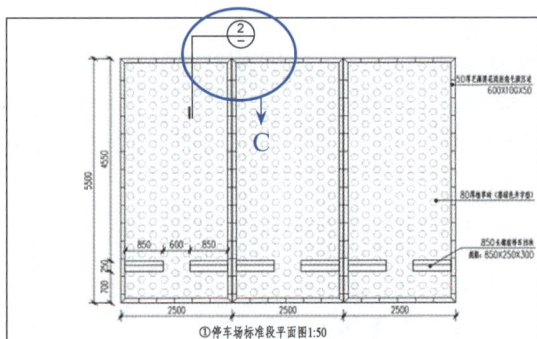

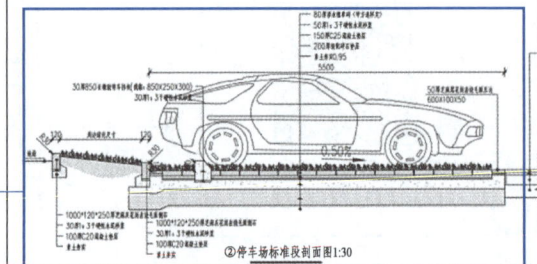

根据左侧索引图，填写字母所在位置代表的意义

A. _____　　B. _____

C. _____　　D. _____

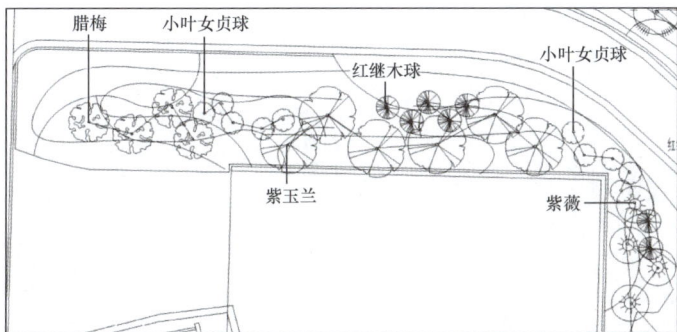

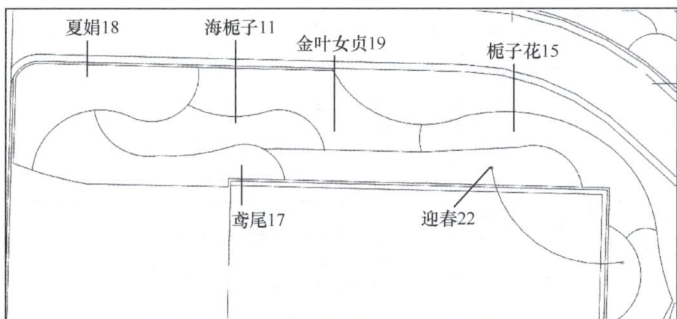

根据左图回答问题

1. 上图的图名为＿＿＿＿＿＿＿＿

2. 下图的图名为＿＿＿＿＿＿＿＿

3. 灌木球或单株灌木有哪些？并列出其数量。

_____

4. 乔木有哪些？并列出其数量。

_____

_____

5. 片植种植的灌木、地被有哪些？其总面积是多少？

_____

_____

_____

6. 列出上述植物中的常绿植物。

_____

_____

知识链接：园林中上木和下木是什么

区分上木下木，即为上层苗木和下层苗木，主要是为了使图纸更清晰，便于指导施工。

大致上处于上层的大乔小乔、大灌木、竹类都可以归类于上木，般可以以株计量；球类的归于上木下木均可，为方便统计放入上木者多，如常绿的雪松、白皮松，落叶的国槐、玉兰等。

而种于其下面的用于遮盖土壤的小灌木、地被、花卉，包括草坪都属于下木，一般以平方米计量，如绿篱（大叶黄杨、女贞等）、色带（红王子、迎春等）、花卉（月季、海棠、鸢尾、鼠尾草、天人菊、萱草等）、地被（如二月兰、蛇莓等）。

任务 1-4　识读图纸详图部分

园路工程详图包含了园路设计的所有细节，包括尺寸、材料、施工方法等，是确保施工质量和按照设计意图进行施工的重要依据，理解这些图纸内容对于有效管理项目非常重要。

识别石墙、花墙结
构详图

扫码视频学习（1-4.mp4）
获取资料（1-4 资源）

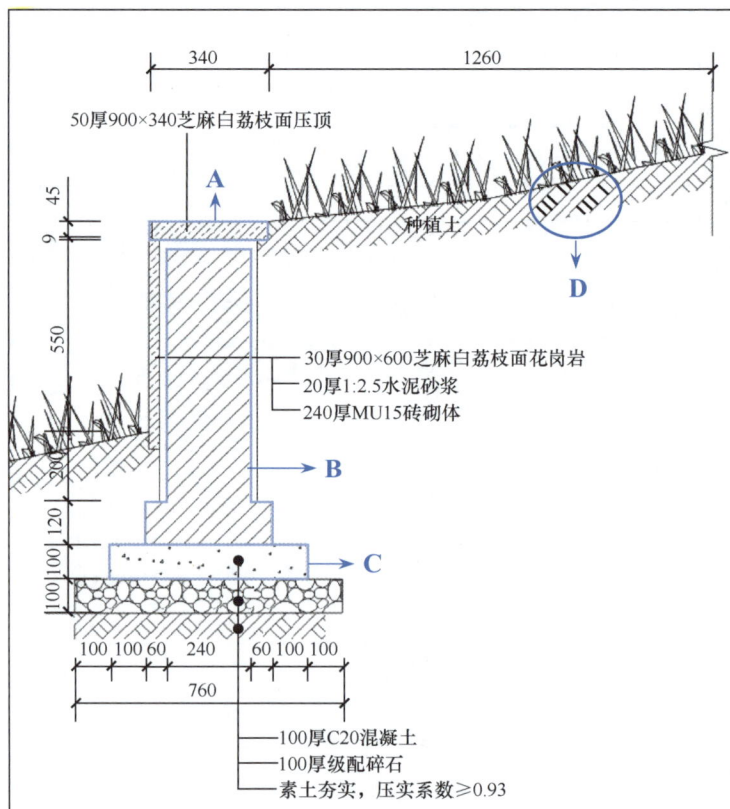

340   1260

50厚900×340芝麻白荔枝面压顶

A

种植土

D

30厚900×600芝麻白荔枝面花岗岩
20厚1:2.5水泥砂浆
240厚MU15砖砌体

B

C

100 100 60 240 60 100 100
760

100厚C20混凝土
100厚级配碎石
素土夯实，压实系数≥0.93

根据上面的详图回答问题，
填写字母所在位置代表的
意义。

A. ＿＿＿＿＿＿＿＿＿＿＿＿

B. ＿＿＿＿＿＿＿＿＿＿＿＿

C. ＿＿＿＿＿＿＿＿＿＿＿＿

D. ＿＿＿＿＿＿＿＿＿＿＿＿

E. ＿＿＿＿＿＿＿＿＿＿＿＿

F. ＿＿＿＿＿＿＿＿＿＿＿＿

G. ＿＿＿＿＿＿＿＿＿＿＿＿

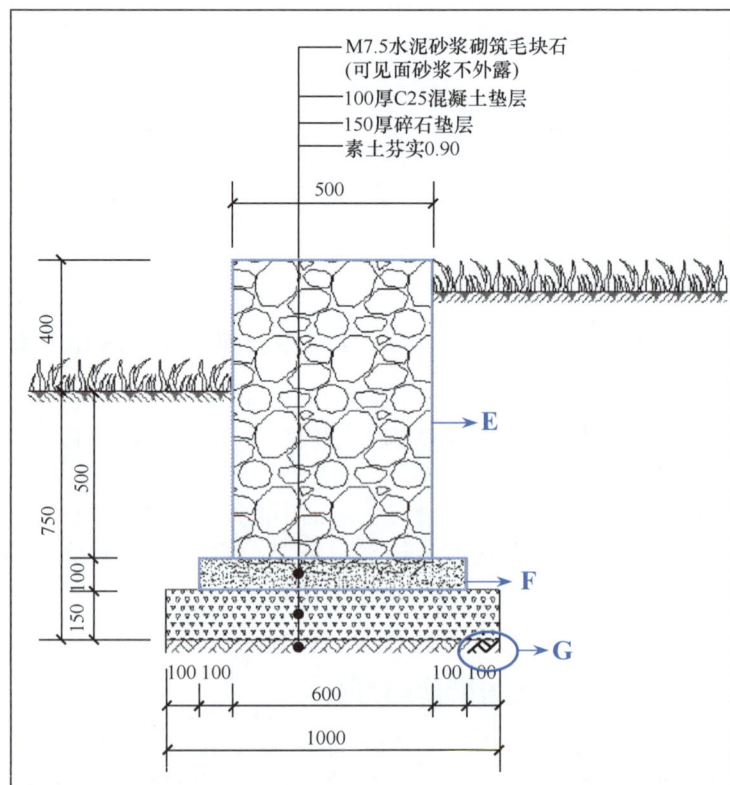

M7.5水泥砂浆砌筑毛块石
(可见面砂浆不外露)
100厚C25混凝土垫层
150厚碎石垫层
素土夯实0.90

500

E

400

500

750

150 100

F

G

100 100   600   100 100
1000

1.3 项目技能提升

任务 1-5 整理工程图纸

某工程项目缺失图纸目录和图号，请根据已有图纸重新编写图纸目录。

扫码学习视频（1-5.mp4）
获取资料（1-5 资源）

序号	图号	图名	图幅	备注（比例等）
1				
2				
3				
4				
5				
6				
7				
8				
9				
10				
11				
12				
13				
14				
15				
16				
17				
18				
19				
20				
21				

任务 1-6 读懂文字说明

某技能比赛施工图方案文字说明部分如图所示，请依工程实际整理该说明缺失的部分。

扫二维码，获取图纸

施工说明

一、本施工图为全国职业院校技能大赛园林景观设计与施工赛项使用，如果和行业施工规范不一致，请遵照本图要求进行实施。

二、所有砌筑项目，基础部分均须进行开挖、夯实。石墙采用黄木纹片岩干垒，垒砌时上下不能通缝，缝隙间不可以填土或细砂，应回项块料或砾石；如果片岩尺寸较小，可分内外两片垒砌，顶层须设置不少于 3 块的横向连接。景墙用标准砌水泥砂浆砌筑；砂浆填缝须饱满（勾缝）。砌筑用砂浆由选手现场拌和。

三、木平台上下层龙骨须连接为一个整体。

四、地面铺装应在素土夯实、找平后进行块料铺装。花岗岩铺装须密缝且错缝铺设，小料石铺装须用细砂填缝，填缝须密实；小料石铺装中，边角部分二次加工须用凿子加工，严禁使用切割机切割。

五、水池开挖完成后，应先进行夯实，再用细砂找平后方可铺防水膜，最后均匀洒铺卵石进行填压。

六、植物种植应按照"定位→挖种植穴→解除包装物（根、茎、叶、形修饰和摘除标签）→种植土回填→浇水"这个基本流程进行；草坪铺设前，应对作业面进行一次压实，避免不均匀沉降，保证坪床平整。有条件的应该均匀洒铺一层细砂后再铺设草皮卷。铺设完成后，还要进行洒水和压实。

七、第一天须完成放线、黄木纹石墙干垒、24景墙、钢板花池；

第二天须完成木平台、绿墙、铺装、水景、植物种植。

八、本说明未尽之处，由技术专家组最终解释。

表单填写区

1. 该说明已经存在的内容：＿＿＿＿＿＿＿＿＿＿＿＿＿＿＿＿＿＿＿＿＿＿＿＿＿

2. 该说明缺失的部分：＿＿＿＿＿＿＿＿＿＿＿＿＿＿＿＿＿＿＿＿＿＿＿＿＿＿

＿＿＿＿＿＿＿＿＿＿＿＿＿＿＿＿＿＿＿＿＿＿＿＿＿＿＿＿＿＿＿＿＿＿＿＿

任务 1-7　根据施工部位查找材料

查找图中数字的对应的材料（园路含侧石），及其详图所在的图名、图号。

扫码视频学习（1-7.mp4）

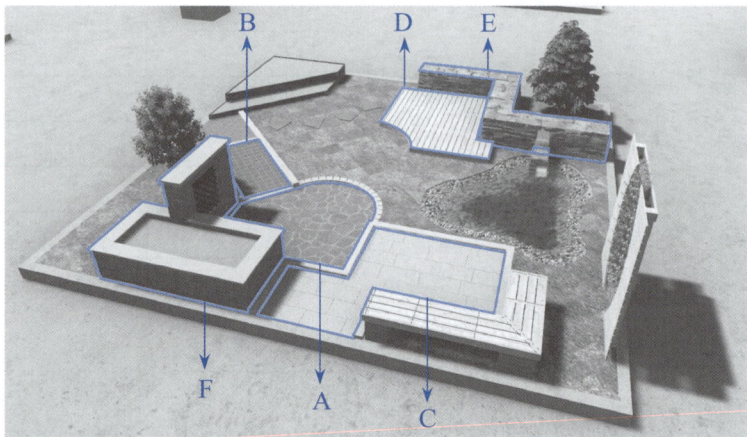

表单填写区

1. ＿＿＿＿＿＿＿＿＿＿＿＿＿＿＿　　2. ＿＿＿＿＿＿＿＿＿＿＿＿＿＿＿

3. ＿＿＿＿＿＿＿＿＿＿＿＿＿＿＿　　4. ＿＿＿＿＿＿＿＿＿＿＿＿＿＿＿

5. ＿＿＿＿＿＿＿＿＿＿＿＿＿＿＿　　6. ＿＿＿＿＿＿＿＿＿＿＿＿＿＿＿

任务 1-8   分析景墙详图

有两张图纸表达不完整，试根据现有图纸资料，分析景墙组成。

扫码视频学习（1-8.mp4）

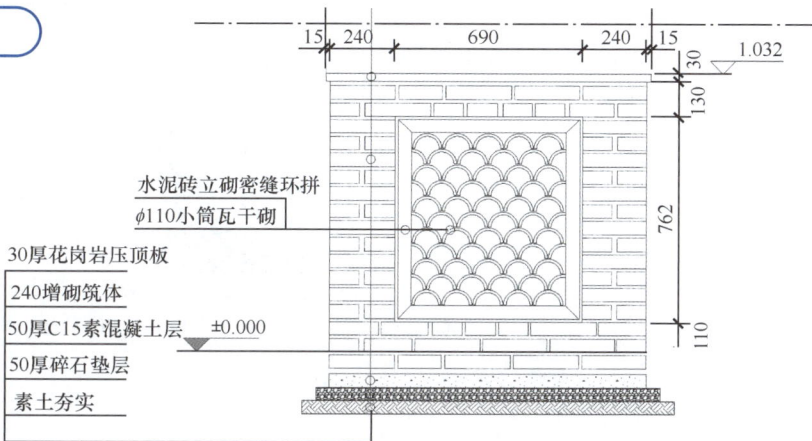

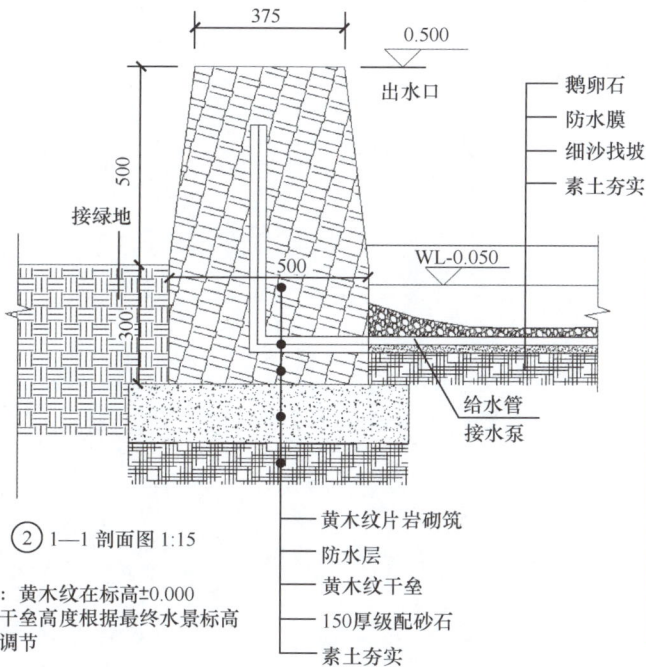

水泥砖立砌密缝环拼
ϕ110小筒瓦干砌

30厚花岗岩压顶板
240增砌筑体
50厚C15素混凝土层   ±0.000
50厚碎石垫层
素土夯实

15 240 690 240 15 1.032
30 130 762 110

375
0.500
出水口
鹅卵石
防水膜
细沙找坡
素土夯实

500
接绿地
500
300
WL-0.050
给水管
接水泵

② 1—1 剖面图 1:15

黄木纹片岩砌筑
防水层
黄木纹干垒
150厚级配砂石
素土夯实

备注：黄木纹在标高±0.000下的干垒高度根据最终水景标高进行调节

表单填写区

1. 上图的图名为：＿＿＿＿＿＿＿＿＿＿
2. 其垫层部分从下到上分别为：＿＿＿＿＿
   ＿＿＿＿＿＿＿＿＿＿＿＿＿＿＿＿＿＿＿
   其总厚度为：＿＿＿＿＿＿＿＿＿＿＿＿＿
3. 该图需要补充的信息为：＿＿＿＿＿＿＿
   ＿＿＿＿＿＿＿＿＿＿＿＿＿＿＿＿＿＿＿
4. 该墙体高度为：＿＿＿＿＿＿＿＿＿＿＿＿
   景墙的墙长度为（不含盖板）：
   ＿＿＿＿＿＿＿＿＿＿＿＿＿＿＿＿＿＿＿
5. 左图中的 WL-0.050 代表：＿＿＿＿＿＿
6. 左图中的景墙高为：＿＿＿＿＿＿＿＿＿
7. 左图墙体的基础材料为：＿＿＿＿＿＿＿

1.4   小结与提升——书今之所悟

1. 介绍关于中国当代小庭院设计与施工的优秀案例及其特点。

＿＿＿
＿＿＿

2. 反思自己在图纸识图中的常见错误问题。

＿＿＿
＿＿＿

1.5　拓展延伸

　　《园冶》是一部旷世奇书，我国古代学术经典浩如烟海，但园林建筑专著恐怕只此一家。该书自1631 年成稿后，被国人遗忘近三百年，一百多年前重新被发现。这本出自苏州人计成的造园奇书，以其全面而细致的造园理论影响着一代又一代造园者。

扫码阅读（1.5 拓展延伸）
珍爱远古文化，守护历史文明，传承岁月光辉，构建和谐未来

项目 2　了解园林施工管理流程

项目导入

了解园林施工管理流程对于掌握工程造价至关重要，因为它涉及工程项目从设计到竣工验收的每一个环节，每个阶段都对成本有着直接或间接的影响。通过了解这些流程，可以对园林工程造价有整体上的清晰认识，为后续深入学习工程造价奠定认知基础。

此外，对施工流程的深入了解有助于在进行工程管理的活动中，优化资源配置，提高决策效率，增强对项目风险的管理能力，确保工程项目按预算执行，避免不必要的成本超支，实现工程造价学习的实际意义。

能力目标和要求

➢ 能识别和分类常见园林工程材料。

➢ 能看懂施工进度计划。

➢ 能安排园林施工流程。

➢ 能整理施工资料。

2.1　项目情感准备——古往今来话

了解建设工程管理的发展历程有助于更好地理解工程管理，揭示管理理念的演进和实践的革新，理解现代工程管理理念和技术背景，帮助造价工作者从历史的角度增强对建设工程行业管理实践的认识，促进批判性思维和创新能力的发展。

请阅读资料，将工程管理发展历程的各个阶段以及各阶段的特点进行匹配。

扫码获取资料
（2.1 项目情感准备）

表单填写区

1. _____ 2. _____

3. _____ 4. _____

5. _____ 6. _____

7. _____

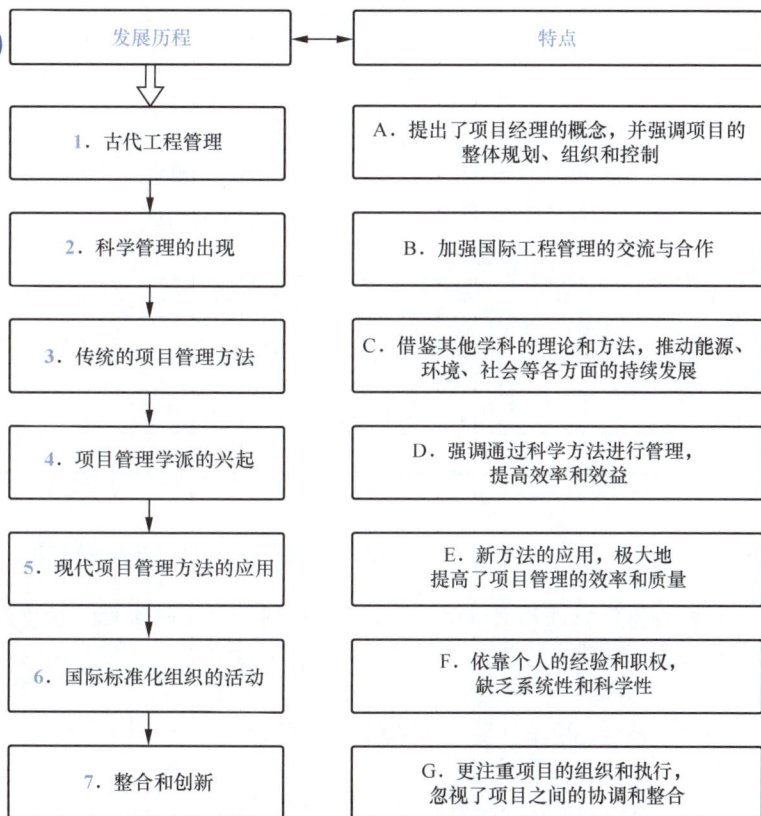

发展历程	特点
1. 古代工程管理	A. 提出了项目经理的概念，并强调项目的整体规划、组织和控制
2. 科学管理的出现	B. 加强国际工程管理的交流与合作
3. 传统的项目管理方法	C. 借鉴其他学科的理论和方法，推动能源、环境、社会等各方面的持续发展
4. 项目管理学派的兴起	D. 强调通过科学方法进行管理，提高效率和效益
5. 现代项目管理方法的应用	E. 新方法的应用，极大地提高了项目管理的效率和质量
6. 国际标准化组织的活动	F. 依靠个人的经验和职权，缺乏系统性和科学性
7. 整合和创新	G. 更注重项目的组织和执行，忽视了项目之间的协调和整合

2.2 项目知识提炼

任务 2-1 认识园林工程材料

工程材料直接构成工程实体，是工程造价最重要的组成部分。园林工程材料种类繁多，按材质分类有石材、木材、金属材料等，按使用功能又可分为结构材料、装饰材料、防水材料等，其价格也参差不齐，因此为保证造价的合理性，认识常见的园林工程材料十分重要。

根据资料，梳理园林工程常见材料类型并举例。

扫码视频学习（2-1.mp4）
获取资料（2-1资源）

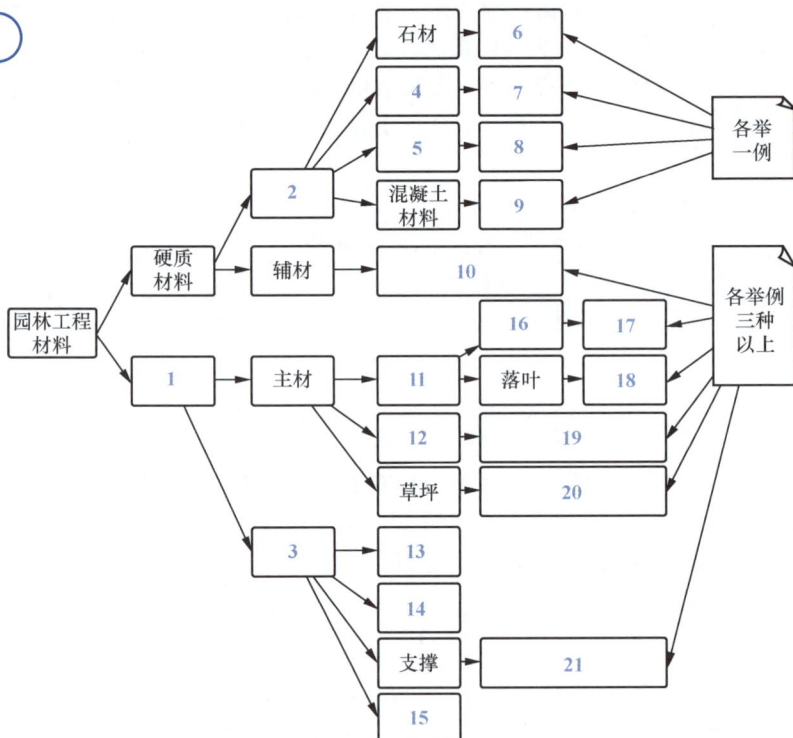

表单填写区

1. ___	2. ___	3. ___	4. ___	5. ___
6. ___	7. ___	8. ___	9. ___	10. ___
11. ___	12. ___	13. ___	14. ___	15. ___
16. ___		17. ___		18. ___
19. ___		20. ___		21. ___

知识链接：园林工程新材料

在园林景观设计和建设中，新型环保材料的应用越来越受到重视，这些材料不仅有助于提升景观的美观性和实用性，还能有效减少对环境的影响，实现可持续发展。以下介绍三种在园林景观中应用的新型环保材料。

（1）胶黏石。胶黏石是一种可塑性较强的材料，适用于曲线铺装，能够有效避免曲线切割的不顺畅问题，同时减少对环境的破坏。

（2）陶瓷盲道砖。与传统石材盲道相比，陶瓷盲道砖具有更好的防滑性能和耐久性，通过特殊处理，可以提高其安全性和美观性。

（3）PC 砖。PC 砖是一种较薄的铺装材料，通过优化铺贴工艺和切割技术，可以获得更加清爽整齐的铺装效果。

这些新型环保材料的应用，不仅能够提升园林景观的设计质量和功能，还能够促进生态环境的保护和改善，实现园林景观与自然环境的和谐共生。

任务 2-2   了解园林工程施工准备内容

园林工程在正式进场施工前，需要做大量的施工准备工作，充分、翔实的施工准备能够有效保障正式施工的顺利进行，确保施工的质量、进度和成本目标得以实现。

根据资料，梳理园林工程施工准备的流程与内容。

扫码视频学习（2-2.mp4）
获取资料（2-2 资源）

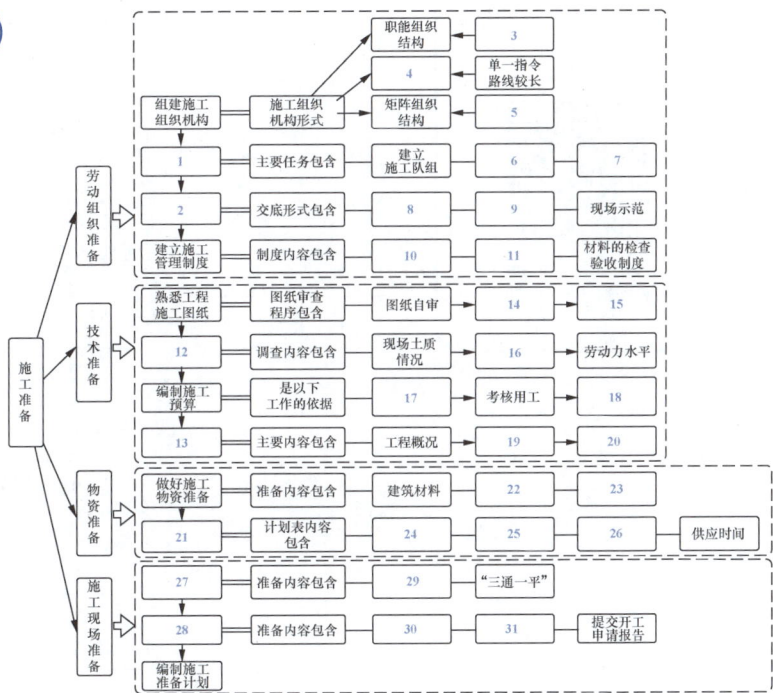

表单填写区

1. _____ 2. _____ 3. _____ 4. _____
5. _____ 6. _____ 7. _____ 8. _____
9. _____ 10. _____ 11. _____ 12. _____
13. _____ 14. _____ 15. _____ 16. _____
17. _____ 18. _____ 19. _____ 20. _____
21. _____ 22. _____ 23. _____ 24. _____
25. _____ 26. _____ 27. _____ 28. _____
29. _____ 30. _____ 31. _____

知识链接：施工组织设计的作用

指导施工：为施工活动提供明确的指导和计划，确保施工按计划有序进行。
保证质量：确保施工过程遵循质量标准，提高工程质量。
控制进度：通过进度计划监控工程进度，防止延期。
资源优化：合理分配人力和物资资源，提高效率和降低成本。

安全保障：制订安全措施，预防事故发生，保护人员安全。

环境保护：减少施工对环境的影响，推动可持续发展。

任务 2-3　熟悉园林工程施工流程

熟悉施工流程是工程造价管理的基础。它有助于提高成本预测的准确性，优化资源配置，加强风险控制，确保施工质量和进度，以及有效地管理合同，最终实现工程造价的合理控制。

根据资料，梳理园林工程施工一般流程及主要原则。

扫码视频学习（2-3.mp4）
获取资料（2-3 资源）

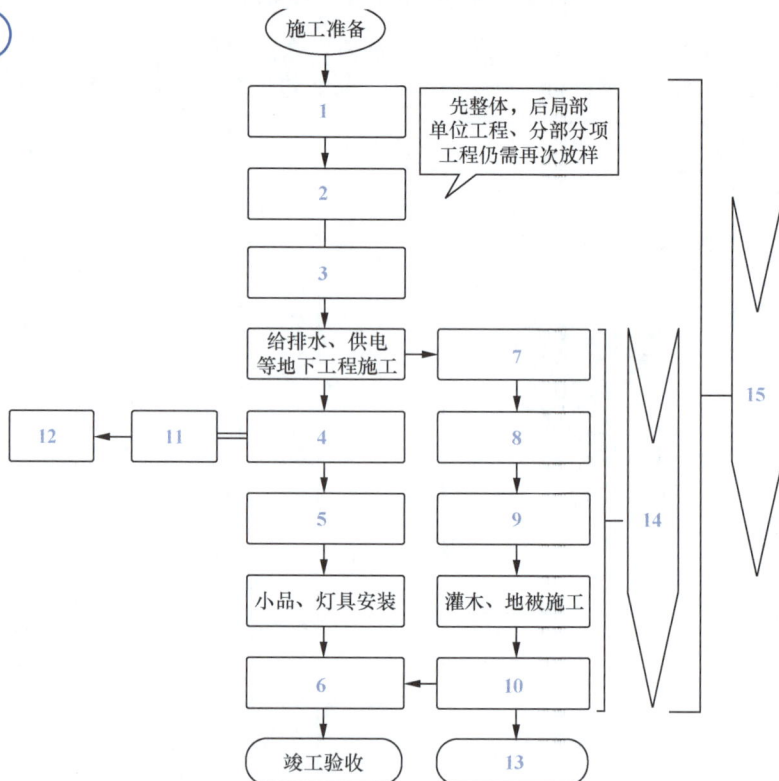

知识链接：施工组织设计的作用

（1）平行施工。平行施工是指在工程项目中，两个或两个以上的工序或工作面同时进行施工的一种组织方式。这种方式的主要特点是能够显著缩短工程的总工期，因为它允许多个施工队伍同时工作，充分利用工作面和资源。然而，平行施工也存在一些缺点，如资源强度大，即在施工过程中可能需要更多的劳动力和材料同时投入，而且存在交叉作业，可能导致施工安全管理上的挑战。

（2）流水施工。流水施工是一种更为有序的施工方式，它将工程项目分解为多个施工过程，并在时间和空间上安排这些过程连续进行，类似于流水线作业。流水施工的优点在于能够实现工作的专业化和连续性，提高劳动生产率，并且资源投入更为均衡，有利于资源的合理配置和利用。流水施工适用于那些可以分解为多个相似或重复工序的工程项目，如住宅小区的建设，每个单元可以作为一个施工段，按照相同的流程连续施工。

总的来说，平行施工适合于工期紧迫且能够承受较高资源投入的项目，而流水施工则适合于工序明确、重复性强且对资源利用和生产效率有较高要求的项目。在实际施工中，根据项目的具体情况和需求，可以选择合适的施工组织方式，或者将两者结合起来使用，以达到最佳的施工效果。

任务 2-4   理清园林工程竣工流程

施工项目进入竣工验收阶段，工作复杂，要求细致，这是对工程质量、安全性、功能性和合规性进行综合评估的重要环节，承发包单位、设计单位、建设单位以及政府主管部门等都应加强配合协调，按竣工验收管理程序依次进行。

根据资料，梳理园林工程竣工验收流程。

扫码视频学习（2-4.mp4）
获取资料（2-4 资源）

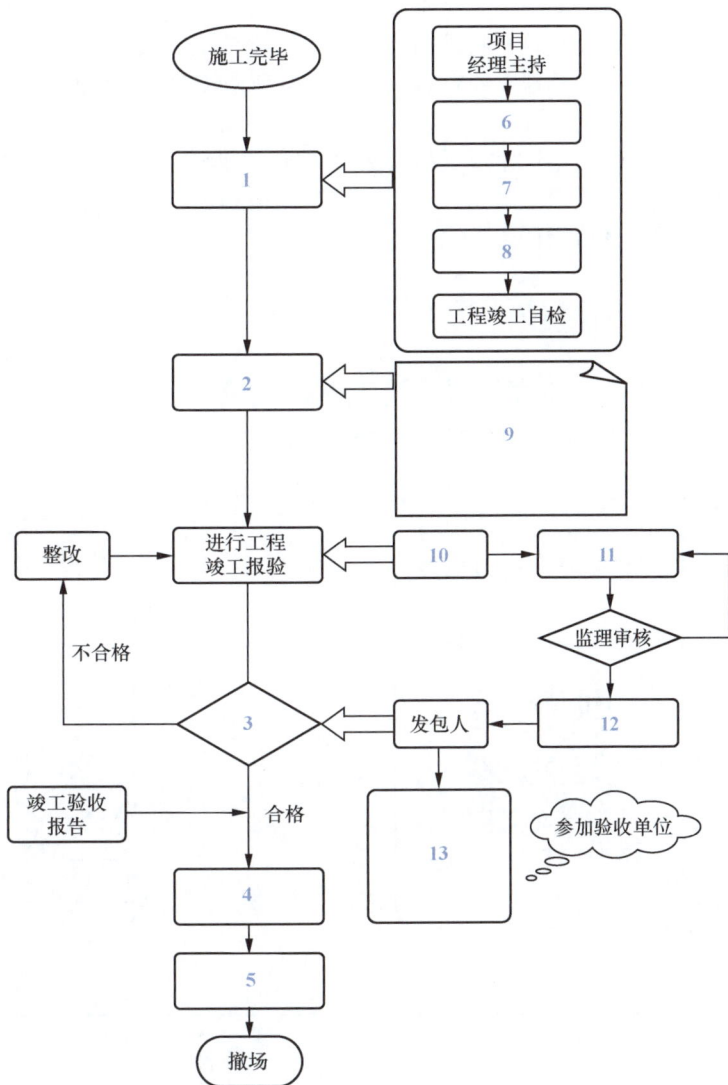

施工完毕 → 1 → 2 → 进行工程竣工报验

项目经理主持 → 6 → 7 → 8 → 工程竣工自检

9

整改 ← 进行工程竣工报验 ← 10 ← 11 → 监理审核

不合格

3（不合格→整改；合格↓）

竣工验收报告 → 合格

发包人 ← 12

13

参加验收单位

4 → 5 → 撤场

1. _____   2. _____   3. _____   4. _____

5. _____   6. _____   7. _____   8. _____

9. _____   10. _____

11. _____   12. _____   13. _____

知识链接：建设工程中的违法违规行为

（1）未经验收擅自投入使用。建设单位在工程未经竣工验收或验收不合格的情况下，擅自将工程投入使用。

（2）虚假证明文件办理验收备案。建设单位使用虚假证明文件办理工程竣工验收备案，导致工程竣工验收无效。

（3）转包或违法分包工程。勘察单位、设计单位、施工单位等转包或违法分包所承揽的工程。

（4）未按规定组织分阶段验收。建设工程未按照规定进行分阶段的质量验收，或者阶段验收不合格仍继续施工或进行竣工验收。

（5）违反工程质量管理条例。施工单位、监理单位等未按照《建设工程质量管理条例》的要求执行，如未建立建筑材料进场检验制度、未进行严格的工序质量控制等。

（6）项目经理未履行责任。项目经理未按照规定组织隐蔽工程验收，或在验收文件上签署虚假信息。

以上行为不仅违反了相关法律法规，可能会导致工程质量无法得到保证，而且可能会对人民生命财产安全造成严重影响。一旦发生上述违法违规行为，相关责任单位和责任人将面临行政处罚，甚至可能承担刑事责任。

2.3　项目技能提升

任务2-5　检查与报验施工材料质量

根据园林工程材料检验检测资料以及施工图纸，完成材料的质量检查与报验。

扫码获取资料（2-5资源）

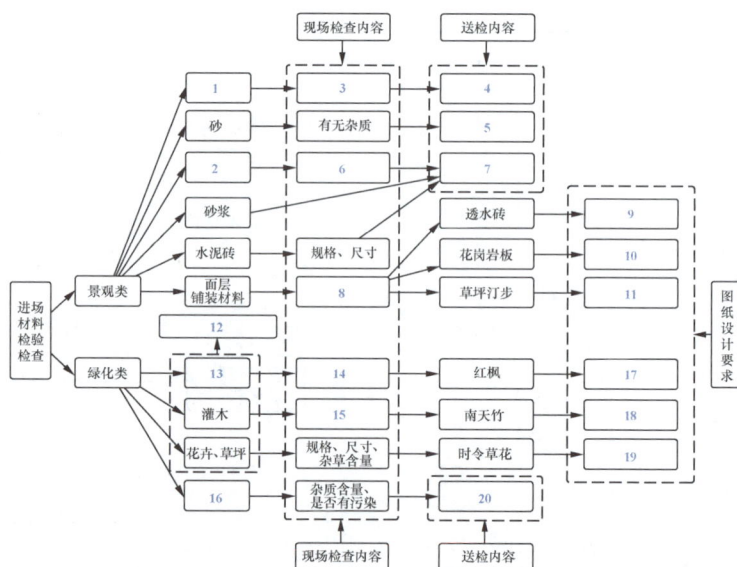

表单填写区

1. _____ 2. _____ 3. _____ 4. _____
5. _____ 6. _____ 7. _____ 8. _____
9. _____ 10. _____ 11. _____
12. _____ 13. _____ 14. _____
15. _____ 16. _____ 17. _____
18. _____ 19. _____ 20. _____

任务 2-6　读懂施工进度计划

温州某庭院工程项目，进度计划横道图如右图所示，请结合横道图回答表单中的问题。

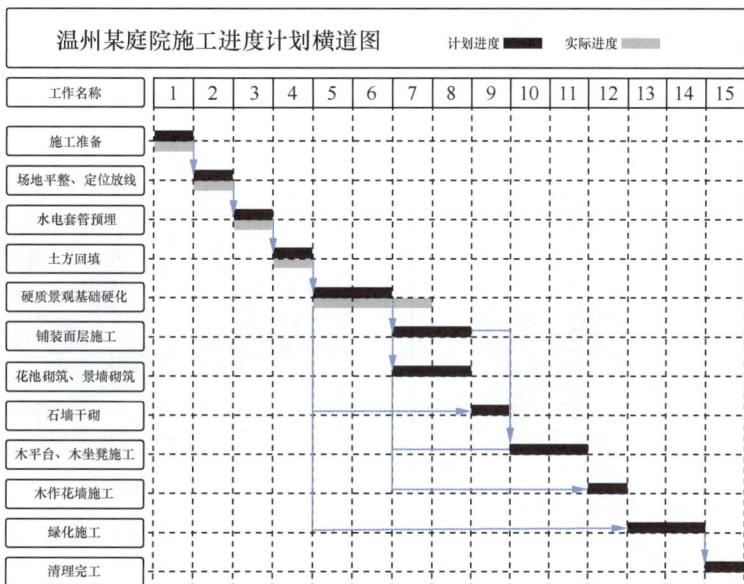

温州某庭院施工进度计划横道图

| 工作名称 | 1 | 2 | 3 | 4 | 5 | 6 | 7 | 8 | 9 | 10 | 11 | 12 | 13 | 14 | 15 |

施工准备
场地平整、定位放线
水电套管预埋
土方回填
硬质景观基础硬化
铺装面层施工
花池砌筑、景墙砌筑
石墙干砌
木平台、木坐凳施工
木作花墙施工
绿化施工
清理完工

表单填写区

1. 该微型庭院施工计划工期为多少天？＿＿＿＿＿＿＿＿＿＿＿＿＿＿＿＿＿＿

2. 水电套管安装工作计划在第几天完成？＿＿＿＿＿＿＿＿＿＿＿＿＿＿＿＿＿＿

3. 根据进度计划，花池砌筑的紧前工作为＿＿＿＿＿＿＿＿＿＿＿＿＿＿＿＿＿＿

4. 根据进度计划，铺装面层施工的紧后工作为＿＿＿＿＿＿＿＿＿＿＿＿＿＿＿＿

5. 根据进度计划，至第六天，应完成哪些工作？＿＿＿＿＿＿＿＿＿＿＿＿＿＿＿

6. 若要求工期为 17 天，则石墙干砌工作在不影响总工期的情况下可延迟几天完成？＿＿＿＿＿＿＿＿

7. 若木作花墙施工因故拖延 1 天后才完成，则计划工期将拖延几天？＿＿＿＿＿＿＿＿＿＿＿＿

8. 若木作花墙施工因故拖延 1 天后才完成，绿化施工工作已经无法压缩天遣，那么为保证工期不延误，哪项工作需提前 1 天完成？＿＿＿＿＿＿＿＿＿＿＿＿＿＿＿＿＿＿＿＿＿＿

9. 由横道图可知，哪项工作未按计划完成？当前已延误几天？＿＿＿＿＿＿＿＿＿＿＿＿＿＿

施工项目进度控制的措施

施工项目进度控制采取的主要措施有组织措施、技术措施、经济措施和管理措施等。

（1）组织措施。组织措施指落实各层次的进度控制的人员，具体任务和工作责任；建立进度控制的组织系统；按照施工项目的结构、进展的阶段或合同结构等进行项目分解，确定其进度目标，建立控制目标体系；确定进度控制工作制度，如检查时间、方法、协调会议时间、参加人等；对影响进度的因素进行分析和预测。

（2）技术措施。技术措施主要是对实现施工进度目标有利的设计技术和施工技术的选用。在决策选用时，不仅应分析技术的先进性和经济合理性，还应考虑其对进度的影响。在工程进度受阻时，应分析是否存在施工技术的影响因素，为实现进度目标有无改变施工技术、施工方法和施工机械的可能性。

（3）经济措施。经济措施指实现进度计划的资金保证措施和加快施工进度的经济激励措施等。

（4）管理措施。管理措施指不断地收集施工实际进度的有关资料，进行整理统计并与计划进度做比较，定期地向建设单位提供比较报告。

任务 2-7　整理微型庭院施工流程

结合仿真图纸，按类填写施工序号于对应的空白框中。

扫码获取资料（2-7 资源）

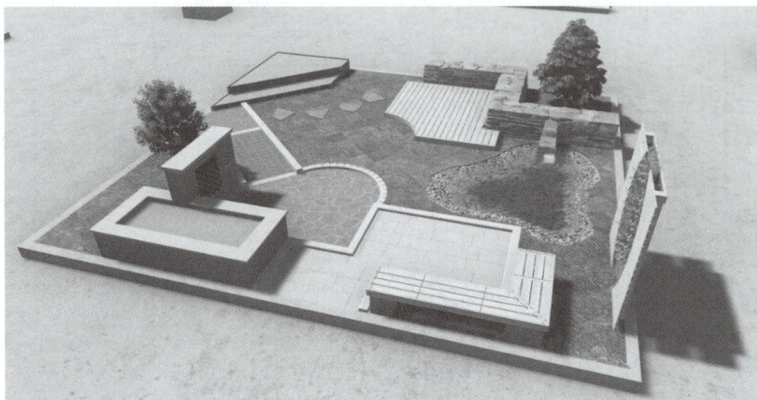

放样	水池	景观	铺装	绿化
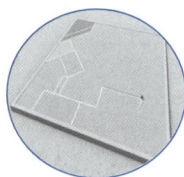		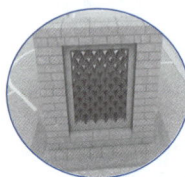		

表单填写区

①定位放线	②景墙水体施工（黄木纹）	③景墙施工（瓦片景墙）	④花池砌筑
⑤木平台铺设	⑥钢板花圃	⑦木坐凳	⑧绿墙制作
⑨花岗岩铺装	⑩火山岩铺装	⑪透水砖铺装	⑫小料石铺装
⑬种植工程			

合理安排施工流程控制施工成本

合理安排施工流程对于控制施工成本至关重要。从施工流程角度出发，可以从以下方面控制成本。

（1）详细规划施工流程。在施工前，应详细规划每个施工阶段的工作内容、时间节点和资源需求。这有助于避免施工过程中的混乱和资源浪费，确保工程按计划进行。

（2）优化施工方案。选择最合适的施工方法和工艺，以提高施工效率并减少材料和人工的消耗。同时，应考虑施工方案的可行性和经济性，避免因方案不当导致的额外成本。

（3）精确的进度管理。通过精确的进度管理，确保各个工序按时完成，避免因工期延误导致的额外成本。使用现代项目管理工具，如甘特图和关键路径法（CPM），来监控和调整施工进度。

（4）资源合理配置。根据施工计划合理配置人力、材料和机械设备，确保资源的充分利用。通过批量采购和长期供应商合作，降低材料成本。

（5）质量控制。通过严格的质量控制措施，减少返工和缺陷修复，从而避免额外的成本。确保施工过程中遵循设计规范和建筑标准。

（6）提高施工效率。采用现代化的施工技术和设备，提高施工效率。例如，使用预制构件可以减少现场施工时间，降低人工成本。

任务 2-8　整理竣工验收资料

温州某庭院景观工程已完工并自检合格，请将资料编码填入到相对应的字母后。

扫码获取资料
（2-8 资源）

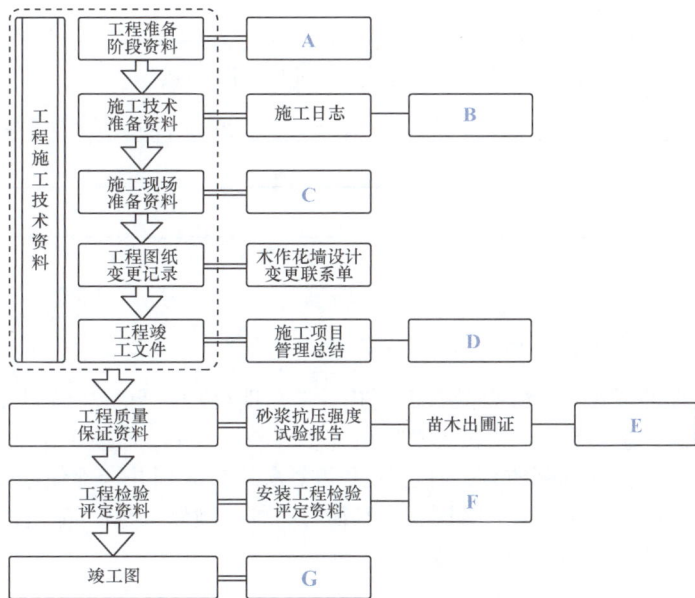

工程施工技术资料

工程准备阶段资料	A
施工技术准备资料	施工日志	B
施工现场准备资料	C
工程图纸变更记录	木作花墙设计变更联系单
工程竣工文件	施工项目管理总结	D
工程质量保证资料	砂浆抗压强度试验报告	苗木出圃证	E
工程检验评定资料	安装工程检验评定资料	F
竣工图	G

表单填写区

A. _____　B. _____　C. _____　D. _____

E. _____　F. _____　G. _____

资料名称

①水泥质量合格证　　②施工合同　　　　　③景观工程检验评定资料

④温州某庭院景观工程竣工图　⑤施工组织设计　　⑥绿化工程检验评定资料

⑦工程竣工报告　　　⑧工程开工报告　　⑨项目经理部组织文件

⑩图纸会审记录　　⑪混凝土抗压强度试验报告　⑫检验检疫证

⑬施工安全保证措施　⑭种植土检测报告

知识链接：竣工和完工的区别

完工通常是指工程项目中的某个部分或者单项工程已经按照设计要求和合同规定完成建设任务，达到了可以进行下一步工作或者交付使用的状态。

竣工则是指整个工程项目的所有建设任务都已经完成，包括所有的施工、安装、调试等工作，并且满足了设计和合同要求，准备进行验收和投入使用。竣工标志着工程项目的最终完成，可以进行正式的验收程序。

2.4　小结与提升——书今之所悟

1. 通过园林施工管理流程的学习，请归纳总结园林工程施工需要做哪些工作。

_____

_____

2. 谈谈你对园林工程施工管理的认识和感受。

_____

_____

_____

2.5　拓展延伸

提高园林工程综合效益需要建设单位明确项目目标，设计单位积极创新并进一步融入生态和文化理念，施工单位严格按标准执行并提高施工效率，监理单位加强监督并及时解决问题，政府部门提供政策支持并加强监管，社区居民和公众参与规划并合理使用设施，供应商保证材料质量并稳定供应。通过这些参与方的共同努力和协作，可以确保工程质量，优化资源利用，提升社会和环境效益，实现园林工程的可持续发展。

学习情境二

计价依据与造价构成

项目3 了解工程计价起源与基本概念

项目导入

造价这个职业是舶来品吗?

中华民族是人类对工程项目的造价认识最早的民族之一。历代工匠积累了丰富的建筑和建筑管理方面的经验,再经过归纳、整理,逐步形成了工程项目施工管理与造价管理的理论和方法的初始形态。

那造价到底是做什么的呢? 计算造价有何目的呢? 通过对我国古人在建造方面的智慧的学习,并查阅整理工程计价方法和特点的相关知识点,形成逻辑思维,并初步建立起对造价的认识。

能力目标和要求

课前结合《园林工程计量与计价》教材,预习任务清单 0.1 学习造价基本概念

➢ 能初步进行定额的分类,了解课程的主要内容。

➢ 能对工程项目进行基本建设项目的划分。

➢ 能整理出建设基本程序和主要环节。

➢ 能分清工程计价基本方法的特点。

3.1 项目情感准备——古往今来话

中华民族在工程造价管理方面拥有悠久的历史。古代工匠通过实践积累经验,归纳整理,形成初具规模的理论体系。这一体系不仅关注成本核算,还涉及施工管理、预算编制等方面。这些传统知识为现代管理提供了基础,我们应继续传承并创新发展。

中国古人的建造智慧?

提示: ⬭填朝代
　　　▢填成果
　　　▱填特点

扫码获取资料
(3.1 项目情感准备)

填写中国古代造价发展主要阶段、特点和标志性成果。

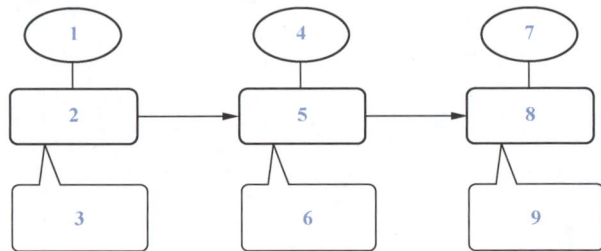

表单填写区

1. ＿＿＿＿＿＿　　2. ＿＿＿＿＿＿　　3. ＿＿＿＿＿＿

4. ＿＿＿＿＿＿　　5. ＿＿＿＿＿＿　　6. ＿＿＿＿＿＿

7. ＿＿＿＿＿＿　　8. ＿＿＿＿＿＿　　9. ＿＿＿＿＿＿

3.2　项目知识提炼

任务 3-1　整理定额性质

　　定额按用途可以分为施工定额、预算定额、概算定额、概算指标、投资估算指标，也可以归类为基础性定额和计价性定额，对其进行分类可以初步了解定额的组成。

基础性定额和计价性定额

扫码视频学习（3-1.mp4）

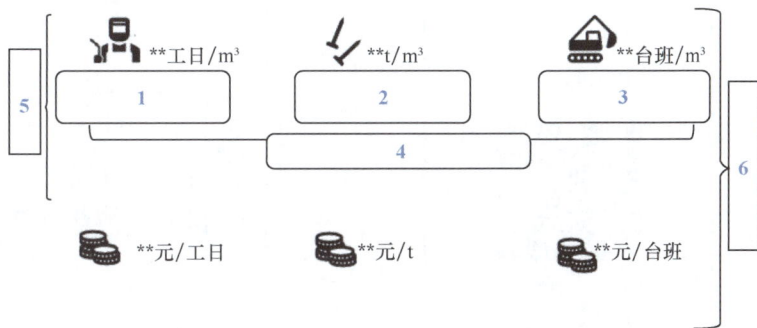

工日/m³ 1　　****t/m³ 2　　****台班/m³** 3

4

5　　6

元/工日　　****元/t　　****元/台班**

表单填写区

1. ＿＿＿＿＿＿＿　2. ＿＿＿＿＿＿＿　3. ＿＿＿＿＿＿＿
4. ＿＿＿＿＿＿＿　5. ＿＿＿＿＿＿＿　6. ＿＿＿＿＿＿＿

计价性定额有＿＿＿＿＿定额、＿＿＿＿＿定额、＿＿＿＿＿、＿＿＿＿＿等

定额计价的定义：＿＿＿＿＿＿＿＿＿＿＿＿＿＿＿＿＿＿＿＿＿＿＿＿＿

清单计价的定义：＿＿＿＿＿＿＿＿＿＿＿＿＿＿＿＿＿＿＿＿＿＿＿＿＿

任务 3-2　划分基本建设项目

　　工程计量和造价是由局部到整体的一个分部组合计算的过程，认识建设项目的划分，对研究工程计量和工程造价确定与控制具有重要作用。

给"杨府山北片安置区河道绿化东段工程"标明项目层次。

扫码视频学习（3-2.mp4）
获取资料（3-2 资源）

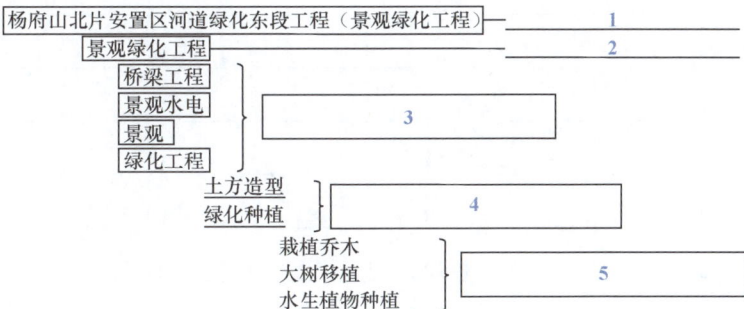

杨府山北片安置区河道绿化东段工程（景观绿化工程）— 1
景观绿化工程 — 2
桥梁工程／景观水电／景观／绿化工程 — 3
土方造型／绿化种植 — 4
栽植乔木／大树移植／水生植物种植 — 5

表单填写区

1. ＿＿＿＿＿＿＿　2. ＿＿＿＿＿＿＿　3. ＿＿＿＿＿＿＿
4. ＿＿＿＿＿＿＿　5. ＿＿＿＿＿＿＿

任务 3-3　了解基本建设程序

基本建设程序是指建设项目整个建设过程中各项工作必须遵循的先后顺序。了解基本建设程序中的相应的工程参与人和对应的造价类型对后续造价的学习具有一定的必要性。

填写基本建设程
序环节及其参与主体

扫二维码，学知识提炼

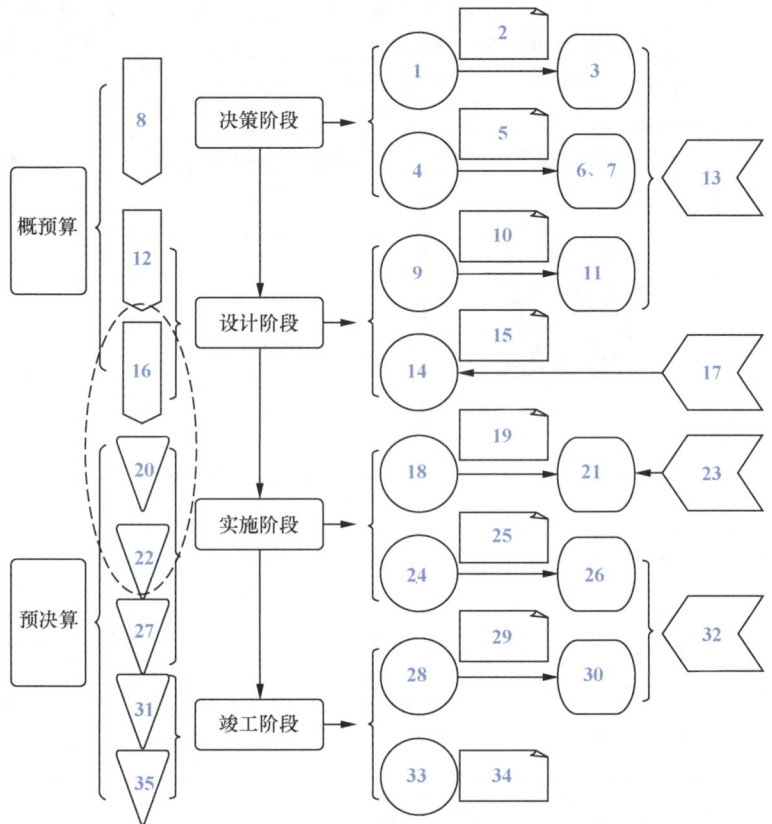

表单填写区

1. _____　2. _____　3. _____　4. _____

5. _____　6. _____　7. _____　8. _____

9. _____　10. _____　11. _____　12. _____

13. _____　14. _____　15. _____　16. _____

17. _____　18. _____　19. _____　20. _____

21. _____　22. _____　23. _____　24. _____

25. _____　26. _____　27. _____　28. _____

29. _____　30. _____　31. _____　32. _____

_____　33. _____　34. _____　35. _____

任务 3-4　初识工程计价基本方法

工程计价的方法包括定额计价法和综合单价法，两者的应用领域不同，构成要素不同。初步了解两者的组成，明确学习工程计价的方法，为后续学习打下基础。

填写工程计价两种基本方法及其组成

扫码视频学习（3-4.mp4）
获取资料（3-4 资源）

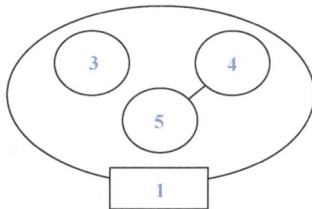

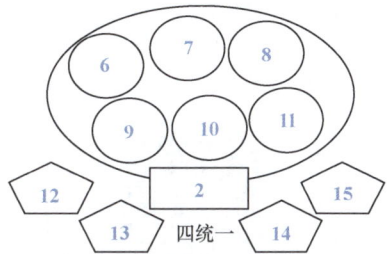

表单填写区

1. _____ 　 2. _____ 　 3. _____ 　 4. _____

5. _____ 　 6. _____ 　 7. _____ 　 8. _____

9. _____ 　 10. _____ 　 11. _____ 　 12. _____

13. _____ 　 14. _____ 　 15. _____

3.3　项目技能提升

任务 3-5　在造价软件中划分项目层次

本部分学习与后续造价电算化紧密结合，在造价软件中标出项目层次

扫码参考视频（3-2.mp4）填写

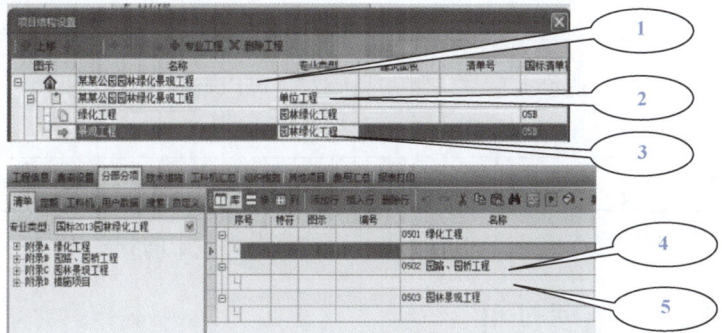

表单填写区

1. _____ 　 2. _____ 　 3. _____

4. _____ 　 5. _____

任务 3-6   造价员成长规划

作为一名高职学生多久能具有考取造价工程师资格

扫码获取资料（3-6.docx）

1. 小王是一名造价专业大专毕业生，根据现行二级造价工程师考取条件，毕业后多久能具有考取二级造价工程师的资格？

_____

2. 小李是一名园林技术专业大专毕业生，如他想考取二级造价工程师，毕业后应如何安排他的职业？并最快在几年后具有考取证书的资格？

_____

_____

3.4   小结与提升——书今之所悟

1. 介绍更多关于中国建造方面的智慧故事。

_____

_____

2. 造价是做什么的？

_____

_____

3. 造价人应具备哪些品质？（可以查找名言哲理）

_____

_____

课后完成任务清单 0.1 学习造价基本概念中的表单填写。

3.5   拓展延伸

当我们谈及清代皇家建筑档案时，首先浮现在脑海中的往往是那些精美绝伦的"样式雷"图档。它们不仅是我国古代建筑艺术的瑰宝，更是世界建筑史上的一颗璀璨明珠。这些图档以其详尽的记录和精湛的技艺，向我们展示了清代皇家建筑的宏伟气势和独特风格，让我们仿佛能够穿越时空，亲身感受那个盛世的辉煌。

然而，除了这些广为人知的"样式雷"图档外，清代皇家建筑档案中还有一份同样重要却鲜为人知的档案——"算房高"档案。这些档案与"样式雷"图档一样，都是古代工匠们心血的结晶，它们记录了清代皇家建筑的尺寸、比例等精确数据，是研究古代建筑的重要资料。

　　尽管"算房高"档案的内容相对单一，但它们的价值却不容忽视。首先，这些档案为我们提供了直接的历史证据，让我们能够了解到清代皇家建筑的原始状态和细节。其次，它们有助于我们理解古代建筑的设计理念和建造技术，进一步丰富我们对古代建筑的认识。最后，它们也为我们修复和保护这些珍贵的文化遗产提供了重要的参考依据。

珍爱远古文化，守护历史文明，传承岁月光辉，构建和谐未来
扫码阅读（3.5 拓展延伸）

项目 4 梳理园林工程计价依据

项目导入

建设工程计价依据由建设工程造价标准规范、计价规则、计价定额、计价指标、标准施工合同、工程造价信息以及建设项目经济评价方法和参数、工程造价指标指数等构成。计价依据是编制工程设计概算、招标标底的指导性依据，是承包人投标报价（或编制施工图预算）的参考性依据，也是以国有资金投资为主的建设工程造价控制性标准。

本地区建设工程计价依据由省级统一的工程计价依据和市、县（区）补充性计价依据组成。地区工程造价主管机构应当每 3 至 5 年组织编制、修订和发布本省工程计价依据。市、县（区）工程造价主管机构应当根据本地区市场情况，及时编制或者修订补充性计价依据。

以浙江省计价依据为例，读者对当地现行的计价体系进行整理和分类，形成初步的概念。

能力目标和要求

课前结合《园林工程计量与计价》教材，预习任务清单 1.1 了解地区计价体系

➤　了解本地区的造价依据发展历程。

➤　能整理出当地现行的计价体系。

➤　能查找出相关定额的补充规定、定额解释和勘误文件。

4.1　项目情感准备——古往今来话

新中国成立 70 多年以来，我国的建筑业经历了巨大的变化和发展。在党中央、国务院的坚强领导下，建筑业的规模不断扩大，结构日趋优化，技术显著提高，实力明显提升，对经济社会发展作出了重要的贡献。

以浙江造价的发展历程为例，整理地区不同时期的定额体系。

扫码获取资料
（4.1 项目情感准备）

专业类型		1984 版	1994 版	2003 版	2010 版	2018 版
施行时间		1	3	6	12	18
对标国标		/	/	7	13	19
计价规则		/	/	8		
取费定额		/	5	9	15	8
机械台班费用定额		/	/	/	16	20
基期价格		/	/	/	17	
24	土建	2				21
	安装	/	4	10		22
	市政	/	/	11		
	园林	/	/	14		
	轨道交通	/	/	/	/	23

表单填写区

1. _____ 2. _____ 3. _____

4. _____ 5. _____

6. _____ 7. _____ 8. _____

9. _____ 10. _____ 11. _____

12. _____ 13. _____

14. _____ 15. _____

16. _____ 17. _____ 18. _____

19. _____

20. _____ 21. _____

22. _____ 23. _____ 24. _____

4.2 项目知识提炼

任务 4-1 整理 2010 版体系下的园林相关定额补充

以浙江造价为例，在浙江造价站网上查找 2010 版计价体系的补充内容及文件号或发布时间等。

扫码视频学习（4-1.mp4）

在实际工作中，造价站的工作主要包括以下几个方面：

（1）定额勘误，即对现有的计价定额进行审查，找出其中的错误或者不明确的地方，并进行纠正或者解释，以确保定额的准确性和实用性。

（2）定额解释，即对于一些复杂的或者容易引起误解的计价定额，给出详细的解释，帮助相关人员更好地理解和运用这些定额。

（3）定额补充，当现有的计价定额无法满足某些特定工程项目的需求时，根据具体情况，对定额进行补充，以满足实际工作的需要。

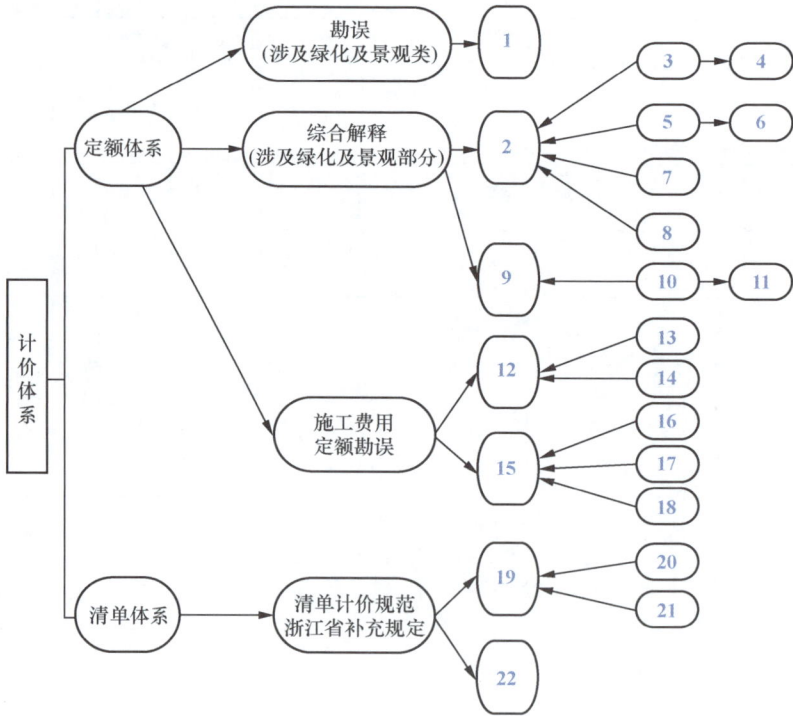

```
                                   勘误
                              (涉及绿化及景观类) ───→  1
                         ↗
                   定额体系                                      3 ──→ 4
                         →   综合解释                            5 ──→ 6
                             (涉及绿化及景观部分) ──→  2  ←──
                                                               7
    计                                                         8
    价                                                        9 ──→ 10 ──→ 11
    体      ─┤
    系
                                                                 13
                                                          12 ←── 14
                               施工费用
                               定额勘误                          16
                                                          15 ←── 17
                                                                 18

                   清单体系 ───→  清单计价规范            19 ←── 20
                                  浙江省补充规定                   21
                                                          22
```

表单填写区

1. _____

2. _____

3. _____

4. _____

5. _____ 6. _____

7. _____

8. _____

9. _____

10. _____ 11. _____

12. _____

13. _____ 14. _____

15. _____

16. _____

17. _____

18. _____

19. _____

20. _____

21. _____

_____

22. _____

任务 4-2　整理 2018 版计价体系

　　定额的更新速度往往较慢,平均每十年更新一次。以浙江省为例,浙江省的定额体系在 2003 年、2010 年和 2018 年进行了三次更新。浙江省 2018 定额体系是指浙江省 2018 年发布的关于建筑工程造价的定额体系,预计在 2026 年后将会再次更新。该体系包含了建筑工程中各个环节的费用定额,例如人工费、材料费、机械费等。这些定额是根据浙江省的具体情况制定的,旨在规范建筑工程造价管理,确保工程建设的合理性和经济效益。

以浙江最新 2018 版计价体系为例,参考 2010 版体系整理 2018 版计价体系。

扫码视频学习
（4-2.mp4）

预算定额类

1. _____
2. _____
3. _____
4. _____
5. _____
6. _____
7. _____
8. _____
9. _____
10. _____

概算定额类

1. _____
_____
2. _____
_____
3. _____
_____
4. _____
_____

清单规范类

1. _____
_____
_____
2. _____
_____
_____

其他计价依据

1. _____
_____
_____
2. _____
_____
3. _____
_____

大国重器：中国"最壕"超级工程——村村通

村村通工程总投资 1 万亿元，不仅仅是为改善我国民生而推进的一个新农村改造工程，同时还是全球最大的农村改造项目。它不仅是涉及新农村改造，还包括公路、电力、饮用水、有线电视网以及互联网等。随着信息化发展加快，还会加入 5G 网建设工程、天然气工程等。

公路不仅方便通行，还能促进工业产品下乡和农副产品进城，让整个经济循环起来。可以说，村村通是乡村振兴的血管。在很多偏远地区，成年人外出打工和孩子日常上学，除了花费时间成本，还存在一定的安全隐患。

路修好后，农民的通勤方式也发生了很大变化，生活条件也有了巨大提升。预计到 2035 年，农村公路总里程将在 500 万 km 左右。

4.3　项目技能提升

任务 4-3　整理 2018 版体系下的园林相关定额补充

以浙江造价为例，在造价网上会出现一些勘误文件、解释文件等，需要更新与整理。

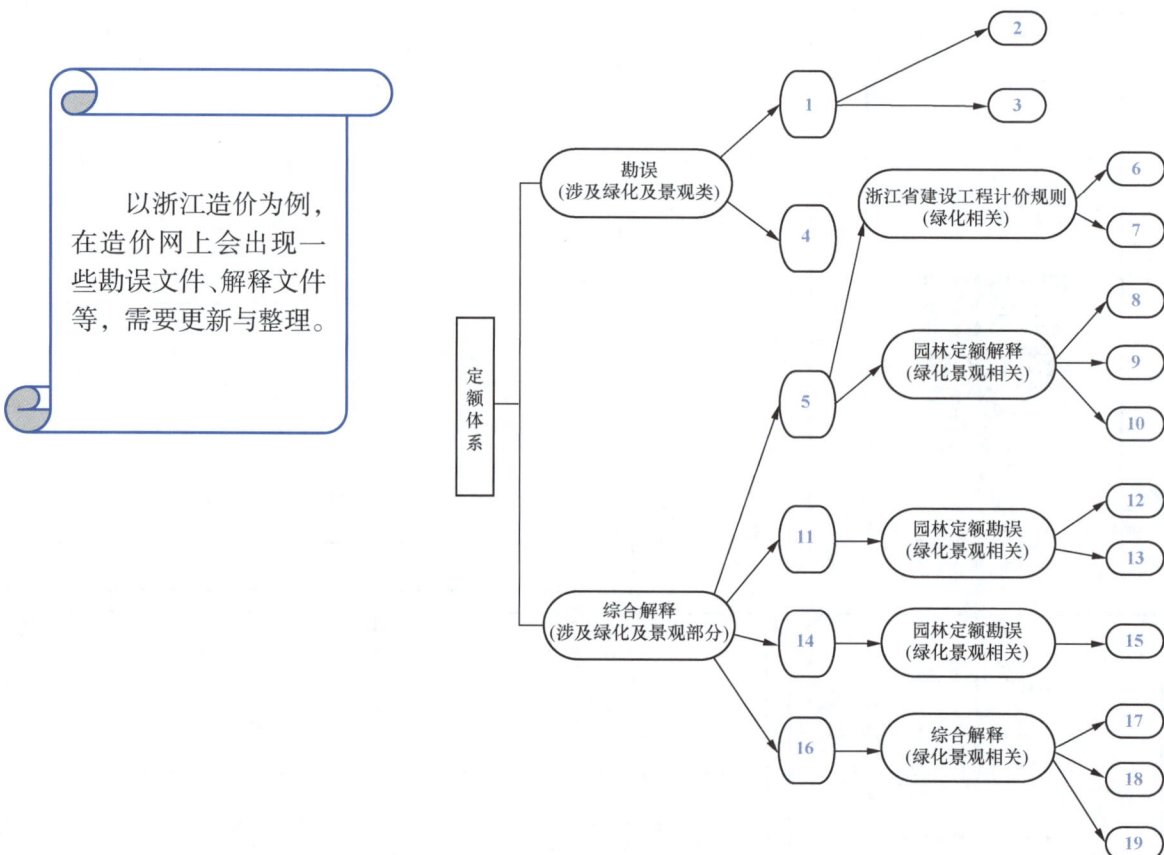

表单填写区

1. _____
2. _____
3. _____

4. _____

5. _____

6. _____

7. _____

8. _____

9. _____

10. _____

11. _____

12. _____

13. _____

14. _____

15. _____

16. _____

17. _____

_____

18. _____

19. _____

_____

4.4　小结与提升——书今之所悟

1. 通过造价体系的学习，谈谈你对造价行业的认识及作为一个造价人应掌握哪些专业知识。

_____

_____

2. 给将要进行造价学习的自己写一段或整理一段小贴士。

_____

_____

_____

_____

课后完成任务清单 1.1 了解地区计价体系中的表单填写。

4.5 拓展延伸

　　建设工程造价管理站是规范建筑市场造价活动的专业机构,其核心职能涵盖计价标准制定、价格信息发布、合同备案监管及行业服务管理。作为工程造价领域的"规则制定者"与"市场守门人",该机构通过动态监管确保工程造价的科学性、合理性。

　　在职能层面,造价管理站负责编制地方性计价标准,调解计价争议,并定期发布建材、人工等价格信息,为市场主体提供参考。例如,深圳市造价站明确需制定合同范本并解释适用规则。同时,机构还承担工程合同备案、非财政性资金工程成果文件审核等职责,对重大设计变更进行备案管理,防止造价失控。此外,通过建立工程造价咨询企业名录、核查企业信息,强化行业信用监管,推动市场良性竞争。

　　以浙江省为例,浙江省建设工程造价管理总站是负责全省造价管理工作的专门机构,隶属浙江省建设厅。自1984年成立以来,该管理总站的管理职能已经从单一的定额管理发展成为全方位多层次的工程造价管理,涉及的工作有:本省概预算定额的编制、修订;工程造价信息和指数的测定和发布;造价从业人员和造价咨询单位管理以及信息化管理和计算机软件的推广应用等。

　　工程造价管理的目的不仅在于控制项目投资不超过批准的造价限额,更在于坚持倡导艰苦奋斗、勤俭建国的方针,从国家的整体利益出发,合理使用人力、物力、财力,取得最大投资效益。

项目 5 归纳基础定额的使用要点

项目导入

说起工程造价，你首先想到的两个词是什么？"定额"和"清单"？没错，身为一个"造价人"你首先需要学会熟练应用的两项工具就是定额和清单。其中的定额作为一本便于携带的"小册子"，它就是我们工作中的一种工具，方便翻阅查找。

定额的形成经历了一定的发展阶段，并且不同的项目阶段依据的定额也不同。通过本项目的学习，读者能初步了解基础定额的编制方法和使用要点。

能力目标和要求

课前结合《园林工程计量与计价》教材，预习任务清单 1.2 造价基本概念的学习、任务清单 1.3 认识人工消耗定额、任务清单 1.4 认识材料消耗定额、任务清单 1.5 认识机械台班消耗定额。

➤ 能对定额进行系统分类，了解定额的发展历程。
➤ 了解劳动力定额的分类、组成、编制方法。
➤ 了解材料消耗定额的类型、编制方法。
➤ 了解机械台班消耗定额的分类、组成、编制方法。

5.1 项目情感准备——古往今来话

自 1949 年新中国成立以来，我国高度重视国民经济的发展，并投入大量资金进行经济建设。在此背景下，工程造价行业发挥了至关重要的作用，促进了整个国民经济的发展。

整理我国计价定额发展过程，并标注其是生产性定额还是计价性定额。

扫码获取资料
（5.1 项目情感准备）

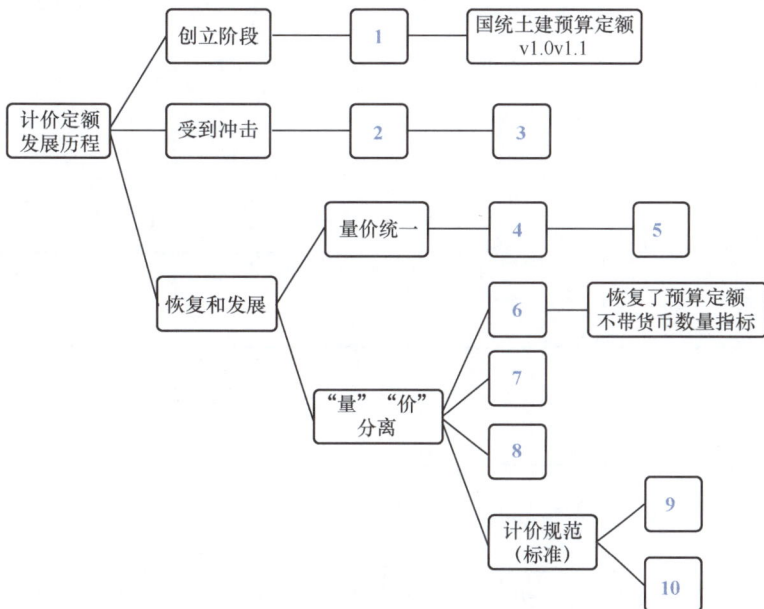

计价定额发展历程

- 创立阶段 — 1 — 国统土建预算定额 v1.0v1.1
- 受到冲击 — 2 — 3
- 恢复和发展
  - 量价统一 — 4 — 5
  - "量""价"分离
    - 6 — 恢复了预算定额不带货币数量指标
    - 7
    - 8
  - 计价规范（标准）
    - 9
    - 10

表单填写区

1. _____   2. _____   3. _____

4. _____   5. _____

6. _____　　7. _____

8. _____　　9. _____

10. _____

5.2　项目知识提炼

任务 5-1　整理定额的分类

建设工程中使用的定额种类繁多，根据定额的性质、内容、用途、适用范围的不同，可将定额进行分类。

进行定额的分类整理，完成右侧图示数字的填写。

扫码视频学习（5-1.mp4）
获取资料（5-1 资源）

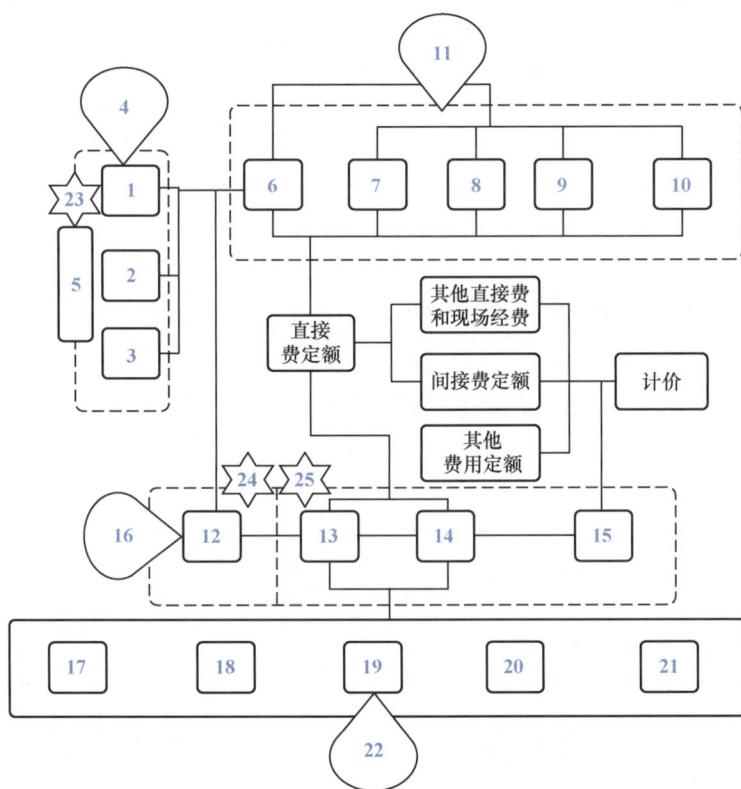

表单填写区

1. _____　　2. _____　　3. _____

4. _____　　5. _____　　6. _____

7. _____　　8. _____　　9. _____

10. _____　　11. _____

12. _____　　13. _____　　14. _____

15. _____ 16. _____
17. _____ 18. _____
19. _____ 20. _____ 21. _____
22. _____ 23. _____
24. _____ 25. _____

任务 5-2　整理人工消耗定额的组成和编制方法

　　人工消耗定额是指在一定生产技术组织条件下，完成单位合格产品所需要的劳动消耗量标准。它是编制建筑工程预算和成本控制的重要依据，反映了建筑安装企业的社会平均先进水平。人工消耗定额的编制是一个涉及多个步骤、多种方法和技术的复杂过程，需要充分考虑工程特点、施工要求和工人技能等多种因素，以确保定额的科学性和准确性。

　　进行定额的分类整理，完成右侧图示数字及下方图片代表的时间类型的填写。

扫码视频学习（5-2.mp4）
获取资料（5-2 资源）

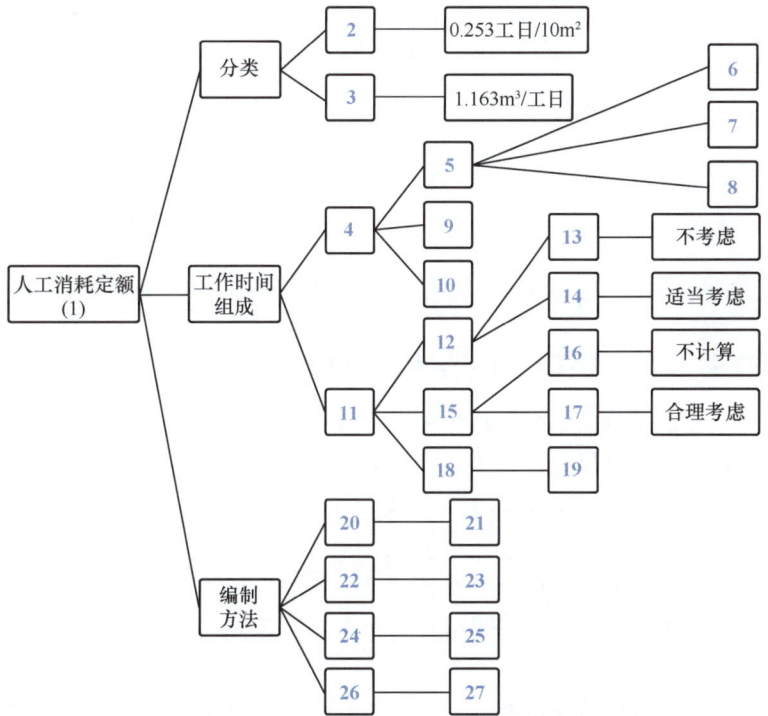

分类 — 2 — 0.253工日/10m²
　　　 3 — 1.163m³/工日

人工消耗定额（1）

工作时间组成 — 4 — 5 — 6 / 7 / 8
　　　　　　　　　 9
　　　　　　　　 10
　　　　　 11 — 12 — 13 — 不考虑 / 14 — 适当考虑
　　　　　　　　 15 — 16 — 不计算 / 17 — 合理考虑
　　　　　　　　 18 — 19

编制方法 — 20—21 / 22—23 / 24—25 / 26—27

不合格，重新做（ **28** ）　抹灰前补遗留孔（ **29** ）　上班时间玩游戏（ **30** ）　开工前找不到工具（ **31** ）　未验电接地影响施工进度（ **32** ）

表单填写区

1. _____ 2. _____ 3. _____ 4. _____

5. _____ 6. _____ 7. _____ 8. _____

9. _____ 10. _____ 11. _____

12. _____ 13. _____ 14. _____

15. _____ 16. _____ 17. _____

18. _____ 19. _____ 20. _____

21. _____

22. _____ 23. _____

24. _____

25. _____

26. _____ 27. _____

28. _____ 29. _____

30. _____ 31. _____ 32. _____

任务 5-3　整理材料消耗定额的组成和编制方法

　　材料消耗定额是在特定生产技术和生产组织条件下，制造单位产品或完成某项生产任务时，合理消耗材料的标准数量。

进行定额的分类整理，完成右侧图示数字的填写。

扫码视频学习（5-3.mp4）
获取资料（5-3 资源）

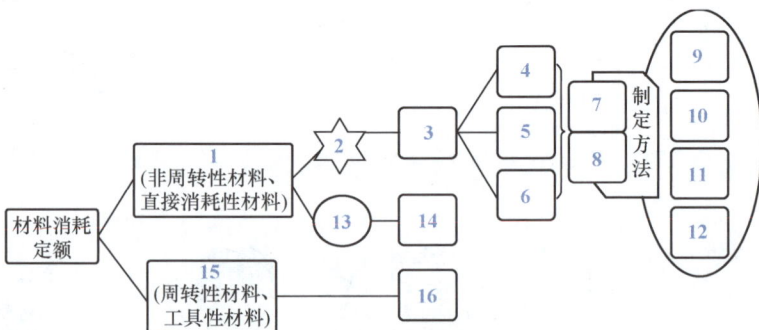

材料消耗定额

1
（非周转性材料、
直接消耗性材料）

2

13

3

4

5

6

14

7

8

制定方法

9

10

11

12

15
（周转性材料、
工具性材料）

16

表单填写区

1.	2.	3.	4.
5.	6.	7.	8.
9.	10.	11.	12.
13.	14.	15.	16.

任务 5-4　整理机械台班消耗定额的组成和编制方法

机械台班消耗定额是指在特定条件下，机械设备使用资源和能源的消耗量标准。它根据机械的工作原理和设备技术参数，结合实际生产过程和使用情况得出。机械台班消耗定额的制定有利于合理安排机械设备的使用和管理，控制生产成本，提高生产效率。

进行定额的分类整理，完成右侧图示数字的填写。

扫码视频学习（5-4.mp4）
获取资料（5-4 资源）

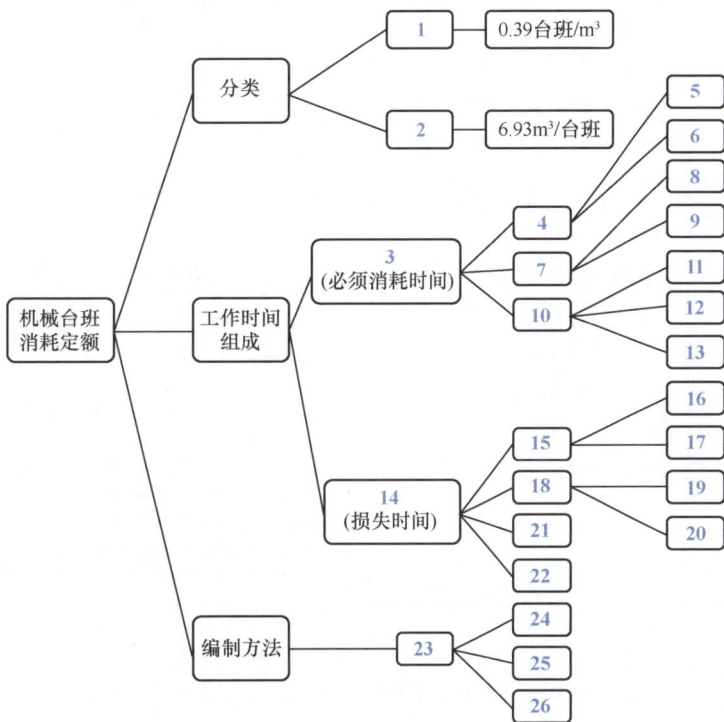

表单填写区

1.	2.	3.	4.
5.		6.	
7.	8.	9.	
10.	11.	12.	

13. ＿＿＿＿＿　　14. ＿＿＿＿＿　　15. ＿＿＿＿＿

16. ＿＿＿＿＿　　17. ＿＿＿＿＿　　18. ＿＿＿＿＿

19. ＿＿＿＿＿　　20. ＿＿＿＿＿　　21. ＿＿＿＿＿

22. ＿＿＿＿＿　　23. ＿＿＿＿＿

24. ＿＿＿＿＿　　25. ＿＿＿＿＿

26. ＿＿＿＿＿

5.3　项目技能提升

任务 5-5　查找相关的基础定额并写出其含义

工作内容：挖坑、场内运输、栽植（扶正、捣实、回土、筑水围）、浇定根水、覆土、保墒、修剪、清理等。

计量单位：10株

依据右图所示的《园林绿化工程消耗量定额》（ZYA2-31-2018）部分定额页面，完成相应的问题。

定额编号			1-461	1-462	1-463
项目			栽植棕榈类		
			地径(cm)		
			≤45	≤50	≤55
名称		单位	消耗量		
人工	合计工日	工日	26.800	34.893	43.557
	其中 普工	工日	8.040	10.468	13.067
	一般技工	工日	18.760	24.425	30.490
材料	棕榈类苗木	株	10.500	10.500	10.500
	水	m³	5.970	6.866	7.522
机械	汽车式起重机 提升质量8t	台班	0.939	1.173	—
	汽车式起重机 提升质量12t	台班	—	—	1.407

表单填写区

1. 栽植 10 株地径 45cm 以下的棕榈类植物，其人工、材料、机械消耗量分别为：

＿＿＿＿＿＿＿＿＿＿＿＿＿＿＿＿＿＿＿＿＿＿＿＿

2. 解释上图中所圈出的 26.800 所代表的意义。

＿＿＿＿＿＿＿＿＿＿＿＿＿＿＿＿＿＿＿＿＿＿＿＿

3. 解释上图中所圈出的 10.500 所代表的意义。

＿＿＿＿＿＿＿＿＿＿＿＿＿＿＿＿＿＿＿＿＿＿＿＿

4. 解释上图中所圈出的 0.939 所代表的意义。

＿＿＿＿＿＿＿＿＿＿＿＿＿＿＿＿＿＿＿＿＿＿＿＿

知识链接：材料的损耗率

在消耗量定额中，材料的实际用量会多于施工的净用量，这是因为非周转性材料的材料消耗量是由净用量和合理损耗量组成。

植物材料也是一样，根据《园林绿化工程消耗量定额》（ZYA2-31-2018），不同的绿化植物的栽植损耗率也有所不同。乔木带土球种植的损耗率为 1%，乔木裸根种植的损耗率为 1.5%，灌木带土球、灌木裸根、片植灌木、水生植物、棕榈类植物等的损耗率也会略有不同。

因此，如《园林绿化工程消耗量定额》中的栽植棕榈类植物，其消耗量为 10.5，可以知道其净用量为 10，而损耗量为 0.5，则其损耗率按 5% 计取。

5.4　小结与提升——书今之所悟

1. 从国内外的定额发展情况思考定额发展趋势。

_____

_____

2. 用自己的话或生活中的案例举例写一写如何理解劳动定额、材料定额、机械定额。

_____

_____

_____

课后完成任务清单 1.2 造价基本概念的学习、任务清单 1.3 认识人工消耗定额、任务清单 1.4 认识材料消耗定额、任务清单 1.5 认识机械台班消耗定额中的表单填写。

5.5　拓展延伸

如何依法确定合理的劳动定额？

既然计件制下同样存在加班，加班意味着需要支付加班费，那么很多企业就可能会出于成本考虑改变它的计件定额和计件单价的标准，从而平衡因为加班而多支付的费用。比如原来 10 元每件的产品，现在定为 8 元每件；或者原来需要完成 100 件的产品，现在规定需要完成 110 件。

对此，劳动定额标准应当合法。我国《劳动法》第 37 条规定："实行计件工作的劳动者，用人单位应当根据本法第 36 条规定的工时制度，合理确定其劳动定额和计件报酬标准。"《劳动合同法》第 4 条规定："用人单位在制定涉及劳动者切身利益的劳动定额管理等规章制度或重大事项时，应当经职工代表大会或全体职工讨论，与工会或职工代表平等协商确定。"

实践中一般认为，只有当 80% 以上的员工都能在法定工作时间内完成的劳动定额才是合理的。劳动仲裁可以根据实际情况，裁定企业合理的劳动定额，并要求企业支付加班费。

企业最好与企业工会或职工代表民主协商，通过协商的办法制定科学合理的劳动定额，并折算出每道工序（或每件产品）的计件单价，在达成一致的情况下告知每位职工。这样，可以进一步规范计件工资制度，切实维护企业和劳动者的合法权益。

课堂笔记

项目 6　明晰计价性定额编制原理和方法

项目导入

建筑工程建设是一项持续性分阶段的过程，在这个过程中，会根据不同的阶段把项目投资目标分为几个类别：概算、估算、预算、决算。这几个类别之间会有什么关系呢？它们的金额如何控制？（如果控制得不好可能会出"三超"现象。）

工程造价的"三超"是指建筑工程行业存在的三种现象：概算超估算、预算超概算、决算超预算。这种情况很难确定责任，结果会导致超投资，使工程造价上涨。

但决算之前的几个目标价格均是不准确的价格，只有决算才是最终的价格，因此会把这几个价格进行比较，相应地得出一些结论，来论证我们各阶段的投资目标是否正常、是否产生盈利，也是衡量公司生产经营活动的一个重要指标。

能力目标和要求

课前结合《园林工程计量与计价》教材，预习任务清单 1.6　了解企业定额的编制原理、任务清单 1.7　掌握预算定额的概念及其应用方法、任务清单 1.8　了解概算定额、指标及投资估算指标的编制原理。

➢　能分清企业定额的层次，分清企业定额与预算定额的区别。
➢　能对预算定额中的基础单价进行构成分析。
➢　能够整理地区绿化定额的文字说明，初步了解预算定额的应用方式。

6.1　项目情感准备——古往今来话

工程"三超"现象，是指工程在投资决策、设计、施工及结算过程中出现的"超预算、超概算、超估算"的问题，这些问题导致了工程成本的增加，影响了工程投资的效益。

根据材料并查找网络资源，分析工程中的"三超"现象。

扫码获取资料
（6.1 项目情感准备）

整理建设工程造价中"三超"产生的原因及其解决策略。

_____
_____
_____
_____
_____
_____
_____

大国重器：现实中的"神笔马良"！自主知识产权 BIM 设计平台

BIM（建筑信息模型）技术是现代工程造价管理领域中出现的较为先进的一种技术手段，利用 BIM 能够有效地提高工程造价管理的水平。之前建筑行业设计软件均大量依赖国外建筑设计软件和开发平台，有信息泄露风险，自主可控的建筑信息模型（BIM）对企业发展和国家安全尤为重要。

建设科技集团、中国建筑科学研究院基于 32 年自主图形技术的积累，经过十多年持续攻关，于 2021 年推出国内首款完全自主知识产权的 BIMBase 系统，实现了 BIM 关键核心技术自主研发、安全可控。BIMBase 已在建筑、电力、交通、石化等多个行业推广应用。全国产 BIM 应用软件陆续完成，将形成覆盖建筑全生命期的国产软件体系，逐步建立起自主 BIM 生态环境，全面助力工程建设行业的数字化转型。

6.2 项目知识提炼

任务 6-1 了解企业定额和预算定额相关概念和区别

企业定额与预算定额虽有不同，但它们都在工程造价管理和工程预算中扮演着重要的角色。企业定额体现了企业的内部管理和市场竞争力，而预算定额则提供了统一的行业标准，两者相辅相成，共同构成了完整的工程造价定额体系。

进行企业定额的概念和特点的整理，完成右侧图示数字的填写。

扫码视频学习(6-1.mp4)
获取资料（6-1 资源）

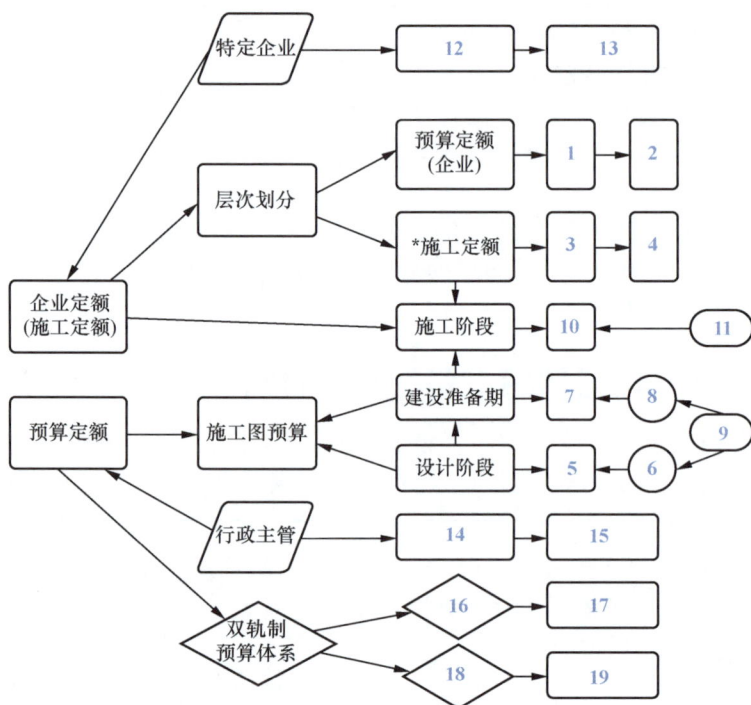

表单填写区

1. _____ 2. _____ 3. _____

4. _____

5. _____ 6. _____ 7. _____

8. _____ 9. _____ 10. _____

11. _____ 12. _____ 13. _____ 14. _____

15. _____ 16. _____ 17. _____

18. _____ 19. _____

任务 6-2   了解预算定额的基础单价的组成

预算定额的基础单价通常是指在编制工程预算时，根据一定区域内的平均市场价格，结合定额规定的消耗量指标，计算出的单位工程或分部分项工程的价格。它主要由人工费、材料费和机械费三大部分组成，涵盖了完成一个单位工程或分部分项工程所需的所有直接费用和部分间接费用。

进行基础单价的构成整理，完成右侧图示数字的填写。

扫码视频学习（6-2.mp4）
获取资料（6-2 资源）

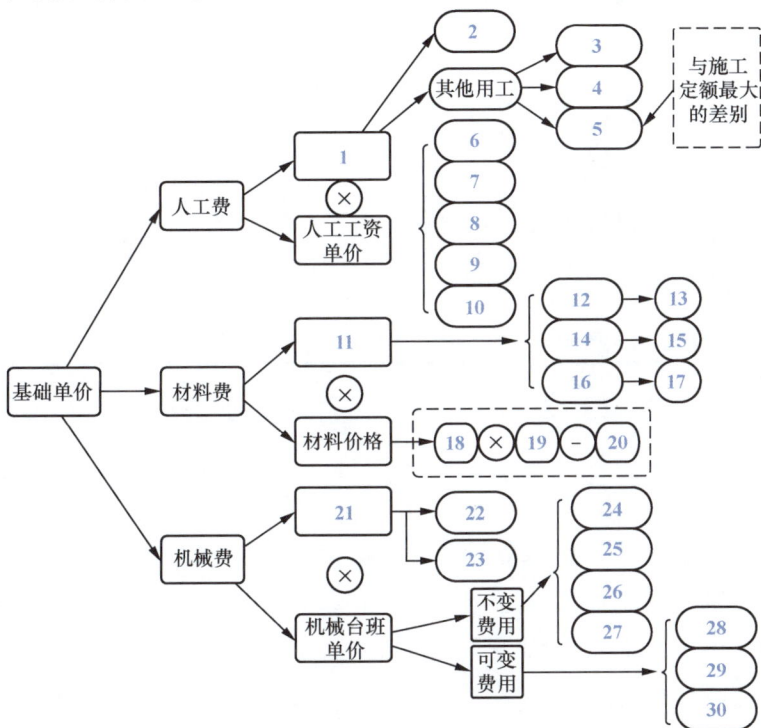

表单填写区

1. _____   2. _____   3. _____   4. _____

5. _____   6. _____   7. _____   8. _____

9. _____   10. _____   11. _____   12. _____

13. _____   14. _____   15. _____   16. _____

17. _____   18. _____   19. _____

20. _____   21. _____   22. _____   23. _____

24. _____   25. _____   26. _____   27. _____

28. _____   29. _____   30. _____

任务 6-3   整理园林绿化预算定额组成

园林绿化预算定额的组成涉及多个方面，包括人工费用、材料价格和机械使用等。这些定额的编制需要依据国家标准和市场价格，同时结合工程的具体情况进行调整和计算。通过这些预算定额，可以有效地控制园林绿化工程的造价，提高工程的经济效益和管理水平。

根据浙江省园林绿化定额，整理定额的组成内容，并填写相应的页码。（以浙江2018版定额为例）

扫码视频学习（6-3.mp4）
获取资料（6-3资源）

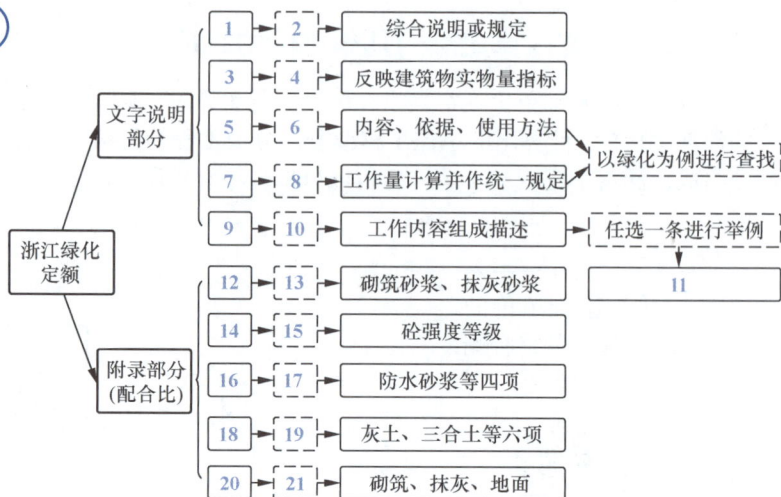

浙江绿化定额
├─ 文字说明部分
│　├─ 1 → 2 → 综合说明或规定
│　├─ 3 → 4 → 反映建筑物实物量指标
│　├─ 5 → 6 → 内容、依据、使用方法 → 以绿化为例进行查找
│　├─ 7 → 8 → 工作量计算并作统一规定
│　└─ 9 → 10 → 工作内容组成描述 → 任选一条进行举例
│　　　　　　　　　　　　　　　　　　11
└─ 附录部分（配合比）
　　├─ 12 → 13 → 砌筑砂浆、抹灰砂浆
　　├─ 14 → 15 → 砼强度等级
　　├─ 16 → 17 → 防水砂浆等四项
　　├─ 18 → 19 → 灰土、三合土等六项
　　└─ 20 → 21 → 砌筑、抹灰、地面

表单填写区

1. _____　2. _____　3. _____　4. _____

5. _____　6. _____　7. _____　8. _____

9. _____　10. _____　11. _____

12. _____　13. _____　14. _____　15. _____

16. _____　17. _____　18. _____　19. _____

20. _____　21. _____

知识链接：建筑材料中的半成品

建筑材料可为分原材料、成品、半成品。原材料通过开采就可以直接得到，比如沙子、石子；半成品是经过一定加工以后才能得到，比如混凝土；成品是买来安装上就能用，比如预制混凝土过梁。

（1）关于砂浆。砂浆是建筑上砌砖使用的黏结物质，由一定比例的沙子和胶结材料（水泥、石灰膏、黏土等）加水和成，也叫灰浆或沙浆。抹灰砂浆是涂抹在建筑物或建筑构件表面的砂浆；砌筑砂浆指的是将砖、石、砌块等块材经砌筑成为砌体的砂浆。

抹灰砂浆，一般有水泥砂浆、石灰砂浆，如1:3水泥砂浆、1:1:6混合砂浆等；砌筑砂浆有强度等级要求，如M2.5混合砂浆，表示其强度等级。

（2）关于混凝土。混凝土简称为砼（tóng）。普通混凝土指以水泥为主要胶凝材料，辅以水、砂、石子，必要时掺入化学外加剂和矿物掺合料，按适当比例配合，经过均匀搅拌、密实成型及养护硬化而成的人造石材。

普通混凝土划分为14个等级，即C15、C20、C25等，最小等级是C15，是指强度为$15MPa \leqslant f_{cu} < 20MPa$的混凝土。如混凝土的C20（40）中，C20表示强度等级，40表示混凝土里石子的最大粒径不超过40mm。

任务6-4　整理预算定额的应用方法

预算定额的编制和应用是一项复杂的工程技术经济活动，它需要多方面的信息和专业知识。正确理解和应用预算定额，不仅可以提高工程预算编制的准确性，还能有效地控制工程成本，促进资源合理配置，提高企业的竞争力。

整理预算定额应用的三种情况。

扫码视频学习（6-4.mp4）
获取资料（6-4 资源）

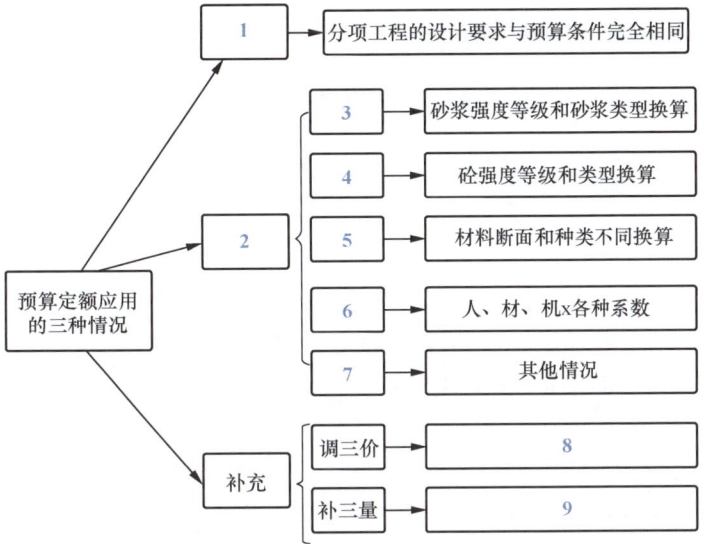

```
                        ┌──→ 1 ──→ 分项工程的设计要求与预算条件完全相同
                        │
                        │         ┌─→ 3 ──→ 砂浆强度等级和砂浆类型换算
            预算定额应用 ──┤         │
            的三种情况     ├──→ 2 ───┼─→ 4 ──→ 砼强度等级和类型换算
                        │         │
                        │         ├─→ 5 ──→ 材料断面和种类不同换算
                        │         │
                        │         ├─→ 6 ──→ 人、材、机x各种系数
                        │         │
                        │         └─→ 7 ──→ 其他情况
                        │
                        └──→ 补充 ──┬─→ 调三价 ──→ 8
                                  │
                                  └─→ 补三量 ──→ 9
```

表单填写区

1. _____   2. _____   3. _____
4. _____   5. _____   6. _____
7. _____   8. _____   9. _____

知识链接：预算定额与消耗量定额

预算定额相对于消耗量定额，如下图，均为栽植棕榈类。左图为浙江园林绿化预算定额，包括了基价及消耗量指标；右图为园林绿化消耗量定额，只含有消耗量未含有价格。预算定额和消耗量定额在消耗量方面也会有一些不同，如预算定额中不含苗木材料的损耗量，需要另行计取。

9. 栽植棕榈

工作内容：挖坑、栽植（落坑、扶正、回土、捣实、筑水围）、浇水、覆土、保墒、修剪、清理现场等。
计量单位：10 株

定额编号			1-136	1-137	1-138	1-139
项　　目			栽植棕榈类（带土球）			
			干径（cm 以内）			
			10~20	35	50	65
基　价（元）			244.27	513.82	780.01	1130.32
其中	人工费（元）		240.00	396.00	636.00	930.00
	材料费（元）		4.27	6.41	12.81	17.08
	机械费（元）		—	111.41	131.20	183.24
名　称	单位	单价（元）	消耗量			
人工 一类人工	工日	125.00	1.920	3.168	5.088	7.440
材料 水	m²	4.27	1.000	1.500	3.000	4.000
机械 汽车式起重机 5t	台班	366.47	—	0.304	0.358	0.500

工作内容：挖坑、场内运输、栽植（扶正、捣实、回土、筑水围）、浇定根水、覆土、保墒、修剪、清理等。
计量单位：10 株

定额编号			1-461	1-462	1-463
项　　目			栽植棕榈类		
			地径（cm）		
			≤45	≤50	≤55
名　　称		单位	消耗量		
人工	合计工日	工日	26.800	34.893	43.557
	其中 普工	工日	8.040	10.468	13.067
	一般技工	工日	18.760	24.425	30.490
材料	棕榈类苗木	株	10.500	10.500	10.500
	水	m	5,970	6.866	7.552
机械	汽车式起重机 提升质量 8t	台班	0.939	1.173	—
	汽车式起重机 提升质量 12 t	台班	—	—	1.407

6.3 项目技能提升

任务 6-5 分析预算定额基础单价构成

右图所示为浙江绿化定额部分定额页面，完成相应的问题。

8.地被植物养护

工作内容：中耕施肥、整地除草、修剪、防病除害、清除枯枝、分株移植、灌溉排水、环境清理等。

定额编号			1-316	
项 目			地被植物	
基 价 (元)			**37.52**	⑦
其中	人工费 (元)		6.13	
	材料费 (元)		15.95	
	机械费 (元)		15.44	
名 称	单位	单从(元)	消 耗 量	
人工 一类人工	工日	125.00	0.049	
材料 肥料	kg	0.25	2.513	
药剂	kg	25.86	0.255	
水	m³	4.27	1.883	
其他材料费	元	1.00	0.69	
机械 酒水车4000L	台班	428.87	0.036	

表单填写区

1. _____ 2. _____ 3. _____ 4. _____

5. _____ 6. _____ 7. _____

8. 人工费 6.13 元=_____ 9. 机械费 15.44 元=_____

10. 材料费 15.95 元=_____

11. 基价 37.52 元=_____

任务 6-6 识读预算定额表的组成

右图所示为浙江绿化定额部分定额页面，填写相应部分所代表的意义。

扫二维码，获项目指导

6.草本花卉养护

工作内容：中耕施肥、整地除草、防病除害、清除枯叶、环境清理、灌溉排水等。　　　　计量单位：10m²

定额编号			1-313	
项 目			花卉	
			球根、草本	
基 价 (元)			**33.95**	
其中	人工费 (元)		9.13	
	材料费 (元)		15.81	
	机械费 (元)		9.01	
名 称	单位	单价(元)	消 耗 量	
人工 一类人工	工日	125.00	0.073	
材料 肥料	kg	0.25	5.025	
药剂	kg	25.86	0.062	
水	m³	4.27	2.928	
其他材料费	元	1.00	0.45	
机械 酒水车4000L	台班	428.87	0.021	

注：定额不包括换花的费用。

表单填写区

1. _____ 2. _____ 3. _____

4. _____ 5. _____ 6. _____

6.4   小结与提升——书今之所悟

1. 预算定额的查阅方法为（可以以某条绿化定额为例）：

_____

_____

2. 用自己的话或生活中的案例举例写一写如何理解预算定额和施工定额的关系。

_____

_____

_____

课后完成任务清单 1.6 了解企业定额的编制原理、任务清单 1.7 掌握预算定额的概念及其应用方法、任务清单 1.8 了解概算定额、指标及投资估算指标的编制原理中的表单填写。

6.5   拓展延伸

为什么定额人工单价与实际人工单价差额这么大？

以 2018 定额一类人工为例，定额价为 125 元/工日，根据浙江省 2022 年第一季度杭州市场信息价为 138 元；而同期市场，大工一天大概 300 块钱，小工在 200 块钱左右，都会比定额人工单价或是信息价要高。出现这种情况的原因在于：第一，因为劳务市场的用工会超过定额的 8 小时工日，会乘以一定的系数；第二，编写定额时会包含相关的五险一金等费用，而劳务市场上的用工里每天的工资往往会涵盖这部分的费用；第三，定额是在标准条件下测试的，工人的产量相对较低，因为考虑到人文的因素，工人有吃饭抽烟休息去厕所的时间，产量或者说工作效率也是按照社会平均水准来的。

课堂笔记

项目 7   解读工程造价的构成

项目导入

工程造价一般应用于包括工程建设、城市建设、村镇建设在内的建设项目，是从立项决策到竣工验收交付使用所需的全部投入费用，其构成因素广泛且复杂。

建筑行业作为我国国民经济的重要物资生产部门和支柱产业之一，同时还是一个高风险的行业，经常会发生施工事故，因此安全管理在建筑施工中十分重要。只有加强建筑施工的安全管理，减少施工事故的发生，才能保障施工人员的人身安全和社会的稳定。如何应对日益突出的安全事故，强化安全管理，是每一个安全管理人员的当务之急。

因此，在建筑安装工程费用项目中专门列入安全文明施工费。它是施工组织措施费计算时必须计算的措施项目，必须列入工程的总造价中。

能力目标和要求

课前结合《园林工程计量与计价》教材，预习任务清单 2.1 建设工程费用组成、任务清单 2.2 园林工程造价的确定。

➤ 了解建筑工程安全文明施工管理存在的问题及其解决策略。

➤ 能够掌握建设工程的费用组成，并对建筑安装工程费用组成进行更深层次的理解。

➤ 通过对地区计价体系的更新和内容组成不同的分析，了解行业发展动态并培养可持续学习的能力。

➤ 掌握施工组织措施等费用的查找方法，并结合工料单价法和工程量清单计价法计算建设工程总造价。

7.1   项目情感准备——古往今来话

安全文明施工管理是现代建筑工程施工过程中的重要组成部分，它涉及施工现场的安全保障、环境保护、文明施工等多个方面，其目的是确保施工人员的生命安全和身体健康，减少工程事故，保护环境，提高工程质量，促进企业的可持续发展。

根据材料并查找网络资源，分析工程中的安全文明施工管理问题。

扫码获取资料
（7.1 项目情感准备）

整理建筑工程中安全文明施工管理存在的问题及其解决策略。

7.2 项目知识提炼

任务 7-1 整理建设工程费用组成

建设工程费用的组成是一个复杂且细致的过程，需要根据不同阶段和不同类型的工程特点来进行具体的分析和控制。

进行建设工程费用组成内容的整理，完成右侧图示数字的填写。

扫码视频学习（7-1.mp4）
获取资料（7-1 资源）

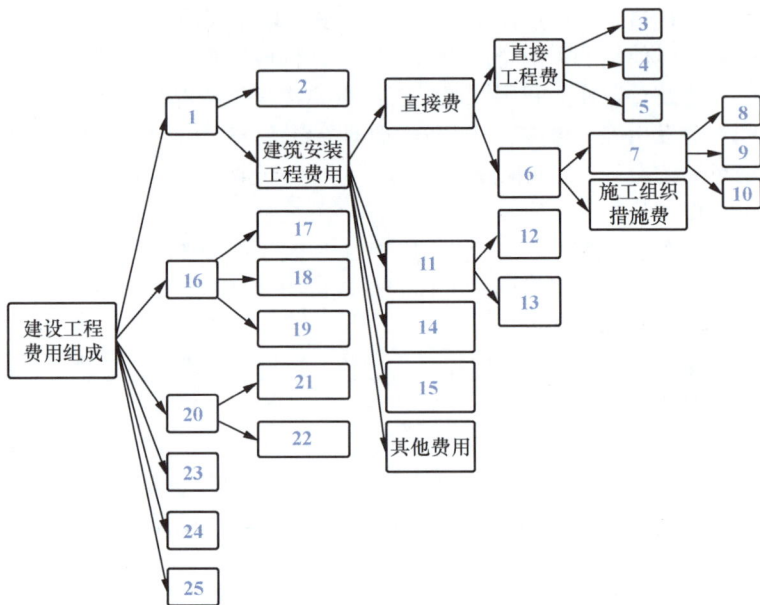

表单填写区

1. _____ 2. _____ 3. _____ 4. _____

5. _____ 6. _____ 7. _____ 8. _____

9. _____ 10. _____ 11. _____

12. _____ 13. _____ 14. _____ 15. _____

16. _____ 17. _____ 18. _____

19. _____ 20. _____ 21. _____ 22. _____

23. _____ 24. _____ 25. _____

任务 7-2 整理计价体系变化要点

计价体系是指在特定行业内，为了规范和统一产品的定价而建立的一套规则和标准。计价体系的更新通常涉及到行业标准的改变、市场环境的调整、技术发展的影响等因素。在工程造价领域，计价体系的更新通常会引起行业内广泛的关注，因为它直接关系到工程项目的成本估算、投资决策和市场秩序。

进行计价体系的更新整理，并填写相关费率（按市区一般工程、园林景观工程二类，均按中值）。

扫码视频学习（7-2.mp4）
获取资料（7-2 资源）

表单填写区 1

1. _____ 2. _____ 3. _____
4. _____ 5. _____
6. _____ 7. _____
8. _____ 9. _____ 10. _____
11. _____ 12. _____
13. _____ 14. _____ 15. ____ 16. ____
17. ___ 18. ___ 19. ___ 20. ___ 21. ___ 22. ___
23. ___ 24. ___ 25. ___ 26. ___ 27. ___ 28. ___

浙江省 2010 版体系与 2018 版体系工程造价构成分析表

费用			2010 版体系	2018 版体系
			5 项	7 项
直接用	直接工程费	人工费	1. 基本工资	1. **1**
				2. **2**（新）
			2. 工资性补贴	3. 津贴补贴 —— 将原工资性补贴的流动施工津贴移入，并进行内容的补充
			3. 辅助工资	4. **3** —— 原辅助工资移入休假期工资
				5. 特殊情况下支付的工资
			4. 福利费	6. **4** —— 原劳动保护费部分内容和工资性补贴的部分内容移入
			5. 劳动保护费	7. 劳动保护费
		材料费	1. 材料原价或供应价格	**5**
			2. 材料运杂费	**6**
			3. 采购及保管费	**7**
		机械费		1. 施工机械使用费
			1. 折旧费	（1）折旧费
			2. 大修理费	（2）**8**
			3. 经常修理费 【10】	（3）**9**
			4. 安拆费及场外费用	（4）安拆费及场外运费
			5. 人工费	（5）人工费
			6. 燃料动力费 【11】	（6）燃料动力费
			7. 其他费用	（7）其他费
				2. 仪器仪表使用费

续表

费用		2010 版体系	费率	2018 版体系	费率
直接费	施工组织措施费	1. 安全文明施工费 （1）环境保护费 （2）文明施工费 （3）安全施工费 （4）临时设施费	15	1. 安全文明施工费 （1）环境保护费 【12】 （2）文明施工费 （3）安全施工费 （4）临时设施费	24
		2. 检验试验费 【13】	16	2. 提前竣工增加费	25
		3. 冬雨季施工增加费	17	3. 二次搬运费	26
		4. 夜间施工增加费	18		
		5. 已完工程及设备保护费	19	4. 冬雨季施工增加费	27
		6. 二次搬运费	20		
		7. 行车、行人干扰增加费	21	5. 行车、行人干扰增加费	28
		8. 提前竣工增加费	22		
		9. 优质工程增加费（编招标不计） 【14】	23	6. 其他施工组织措施费 结算时再计取标化工程增加费	/
		10. 其他施工组织措施费	/		
间接费		1. 管理人员工资 2. 办公费 3. 差旅交通费 4. 固定资产使用费 5. 工具用具使用费 6. 劳动保险费 7. 工会经费 8. 职工教育经费 9. 财产保险费 10. 财务费 11. 税金 12. 其他 【29】	38	1. 管理人员工资 2. 办公费 3. 差旅交通费 4. 固定资产使用费 5. 工具用具使用费（原施工组织措施费） 6. 劳动保险费 7. 检验试验费 8. 夜间施工增加费 9. 已完成工程及设备保护费 10. 【30】（新增） 11. 工会经费 12. 职工教育经费（原税费移入；原工程排污费计入其中的环保税） 13. 财产保险费 14. 财务费 15. 【32】（原危险作业意外伤害保险费移入） 16. 其他	46
	根据2024清单计价标准，取消该项，相关内容并至人工费、管理费 【31】	1. 工程排污费 2. 社会保障费： 养老保险费、失业保险费 医疗保险费、生育保险费 3. 住房公积金 4. 民工工伤保险费 5. 【34】	39	1. 社会保险费 （1）养老保险费 （2）失业保险费 （3）医疗保险费 （4）生育保险费 （5）【33】（按全省统一标准） 2. 【35】（报价时按不低于30%）	47
利润			40		48
税金		1. 税费：建筑工程造价的营业税、城市维护建设税、教育费附加。 2. 水利建设资金。 【36】	41	37（不可竞争 甲供材料设备不计）	49

续表

费用	2010 版体系	2018 版体系	
其他（并填写中值费率）	1. 风险费 结合当时当地投报价的下浮幅度确定。 2. 暂列金额：一般可按税前造价的 **42** 计算（结算时取消，另根据工程实际发生项目增加费用）。 3. 总承包服务费：三种情况 （1）仅对专业工程管理协调：**43** （2）对专业工程管理协调+配合：**44** （3）发包人材料设备管理服务：**45**	控制价和投标阶段： 1. 暂列金额　〔结算时计入施工组织措施费中的其他〕 （1）标化工地暂列金额 （2）优质工地暂列金额　〔原优质工程增加费〕 （3）其他暂列金额 2. 暂估价 3. 计日工 4. 施工总承包服务费：两种情况 --------- 1. 专业工程结算价 2. 计日工 3. 施工总承包服务费 4. 索赔与现场签证费 5. 优质工程增加费　〔原优质工程增加费〕	/ **50** **51**

表单填写区 2

29. _____　　30. _____　　31. _____　　32. _____

33. _____　　34. _____　　35. _____　　36. _____

37. _____　　38. _____　　39. _____　　40. _____　41. _____

42. _____　　43. _____　　　　　　　　　　44. _____

45. _____　　　　　　　　46. _____　　　47. _____　　48. _____

49. _____　　50. _____　　　　　　　51. _____

7.3　项目技能提升

任务 7-3　工料单价法计算建设工程总造价

工料单价法计算程序表

根据工料单价法计算程序表及项目信息，按步骤完成建设工程总造价的计算。

序号	费用项目		计算方法
一	预算定额分部分项工程费		按计价规则规定计算
	其中	1. 人工费 + 机械费	（定额人工费+定额机械费）
二	施工组织措施费		
	其中	2. 安全文明工费	1×费率
		3. 检验试验费	
		4. 冬雨季节施工增加费	
		5. 夜间施工增加费	
		6. 已完工程及设备保护费	
		7. 二次搬运费	
		8. 行车、行人干扰增加费	
		9. 提前竣工增加费	
		10. 其他施工组织措施费	按相关规定计算

续表

序号	费用项目	计算方法
三	企业管理费	I×费率
四	利润	
五	规费	
	11. 排污费、社保费、公积金	1×费率
	12. 民工工伤保险费	按各市有关规定计算
	13. 危险作业意外伤害保险费	
六	总承包服务费	
	14. 总承包管理协调费	分包项目工程造价×费率
	15. 总承包管理	
	16. 甲供材料设备管理服务费	甲供材料设备费×费率
七	风险费	（一+二+三+四+五+六）×费率
八	暂列金额	（一+二+三+四+五+六+七）×费率
九	税金	（一+二+三+四+五+六+七+八）×费率
十	建设工程造价	一+二+三+四+五+六+七+八+九

某市区新建小区景观绿化工程,项目中有堆砌6m的假山石。预算定额分部分项工程费为655.0031万元,其中人工费121.7578万元,机械费30.5032万元。

发包人对假山工程进行了分包,该专业工程造价为45万元。发包人要求总承包单位对分包的专业工程进行总承包管理和协调,并同时要求提供配合服务。费率:排污费、社保费、公积金(5.85%)、税金(按市区计取)、民工工伤保险费和危险作业意外伤害保险费(1.2%)、风险费费率(5%);要求缩短工期15%。其他根据某省施工取费定额中值相关费率计算工程造价。

步骤1:确定工程类别:_____类。

　　提示:项目中有堆砌6m的假山石。

步骤2:确定总承包服务费费率:_____。

　　提示:假山工程进行了分包,该专业工程造价为45万元,发包人要求总承包单位对分包的专业工程进行总承包管理和协调,并同时要求提供配合服务。

步骤3:填写"工程预算费用计算表"中的计算公式。

1. _____ 2. _____ 3. _____

4. _____ 5. _____ 6. _____

7. _____ 8. _____ 9 _____

10. _____ 11. _____ 12. _____

13. _____ 14. _____ 15. _____

16. _____ 17. _____

18. _____ 19. _____

20. _____

步骤4:完成"工程预算费用计算表"中金额的填写。

21. _____ 22. _____ 23. _____ 24. _____

25. _____ 26. _____ 27. _____ 28. _____

29. _____ 30. _____ 31. _____ 32. _____

单位(专业)工程预算费用计算表

单位(专业)工程名称:　　　　　　　　　　　　　　　　　　第1页共1页

序号	费用名称	计算公式	金额(元)
一	预算定额分部分项工程费	/	**21**
	其中1. 人工费+机械费	**1**	**22**
二	施工组织措施费	/	143551.67
	2. 安全文明施工费	**2**	**23**
	3. 检验试验费	**3**	9866.51
	4. 冬雨季施工增加费	**4**	3654.26
	5. 夜间施工增加费	**5**	**24**
	6. 已完工程及设备保护费	**6**	1218.09
	7. 二次搬运费	**7**	3197.48
	8. 行车、行人干扰增加费	**8**	22839.15
	9. 提前竣工增加费	**9**	42633.08

续表

序号	费用名称	计算公式	金额（元）
	10. 其他施工组织措施费	/	0.00
三	企业管理费	**10**	**25**
四	利润	**11**	**26**
五	规费	/	**27**
	11. 排污费、社保费、公积金	**12**	89072.69
	12. 民工工伤保险费 13. 危险作业意外伤害保险费	**13**	18271.32
六	总承包服务费	/	**28**
	14. 总承包管理和协调费	**14**	0
	15. 总承包管理、协调和服务费	**15**	**29**
	16. 甲供材料设备管理服务费	**16**	0
七	风险费	**17**	**30**
八	暂列金额	**18**	**31**
九	税金	**19**	**32**
十	建设工程造价	**20**	8300689.83

任务 7-4   清单计价表计算建设工程总造价

根据综合单价法计算程序表及项目信息，按步骤完成建设工程总造价的计算。

招投标阶段建筑安装工程施工费用计算程序

序号	费用项目		计算方法（公式）
一	分部分项工程费		Σ（分部分项工程数量×综合单价）
	其中	1. 人工费+机械费	Σ分部分项工程（人工费+机械费）
二	措施项目费		（一）+（二）
	（一）施工技术措施项目费		Σ（技术措施项目工程数量×综合单价）
	其中	2. 人工费+机械费	Σ技术措施项目（人工费+机械费）
	（二）施工技术组织项目费		按实际发生项之和进行计算
	其中	3. 安全文明施工基本费	（1+2）×费率
		4. 提前竣工增加费	
		5. 二次搬运费	
		6. 冬雨季施工增加费	
		7. 行车、行人干扰增加费	
		8. 其他施工组织措施费	按相关规定进行计算
三	其他项目费		（三）+（四）+（五）+（六）
	（三）暂列金额		9+10+11
	其中	9. 标化工地暂列金额	（1+2）×费率
		10. 优质工地暂列金额	除暂列金额外税前工程造价×费率
		11. 其他暂列金额	除暂列金额外税前工程造价×估算比例
	（四）暂估价		12+13
	其中	12. 专业工程暂估价	按各专业工程的除税金外全费用暂估金额之和进行计算
		13. 专项措施暂估价	按专项措施的除税金外全费用暂估金额之和进行计算
	（五）计工日		Σ计工日（暂估数量×综合单价）

续表

序号	费用项目		计算方法（公式）
（六）	施工总承包服务费		14+15
	其中	14. 专业发包工程管理费	∑专业发包工程（暂估金额×费率）
		15. 甲供材料设备保管费	甲供材料暂估金额×费率+甲供设备暂估金额×费率
四	规费		（1+2）×费率
五	税前工程造价		一+二+三+四
六	税金（增值税销项税或增收率）		五×税率
七	建筑安装工程造价		五+六

　　某市区新建小区景观绿化工程，分部分项工程费为 880 万元，其中人工 310 万元，机械费 56 万元。施工技术措施项目费为 130 万元，其中人工费 65 万元，机械费 40 万元。发包人对假山工程进行了分包，该专业工程造价为 45 万元（不含税金），此外零星用工暂估为 200 工日，其综合单价为 200 元/工日。发包人要求总承包单位对分包的专业工程进行总承包管理和协调，并同时要求提供配合服务。

　　项目采用一般计税法计取，其他暂列金额、暂估价均不计，并要求缩短工期 15%，优质工程增加费按省优计取。试根据某省施工取费定额相关费率计算招标控制价造价。

> 根据计取表，完成下面的表格，并填写建设工程总造价。
>
> 1. ＿＿＿＿＿＿　　2. ＿＿＿＿＿＿　　3. ＿＿＿＿＿＿　　4. ＿＿＿＿＿＿
>
> 5. ＿＿＿＿＿＿　　6. ＿＿＿＿＿＿　　7. ＿＿＿＿＿＿　　8. ＿＿＿＿＿＿
>
> 9. ＿＿＿＿＿＿　　10. ＿＿＿＿＿＿　　11. ＿＿＿＿＿＿　　12. ＿＿＿＿＿＿
>
> 13. ＿＿＿＿＿＿　　14. ＿＿＿＿＿＿　　15. ＿＿＿＿＿＿
>
> 16. ＿＿＿＿＿＿　　17. ＿＿＿＿＿＿　　18. ＿＿＿＿＿＿　　19. ＿＿＿＿＿＿
>
> 20. ＿＿＿＿＿＿　　21. ＿＿＿＿＿＿　　22. ＿＿＿＿＿＿　　23. ＿＿＿＿＿＿
>
> 24. ＿＿＿＿＿＿　　25. ＿＿＿＿＿＿　　26. ＿＿＿＿＿＿　　27. ＿＿＿＿＿＿
>
> 28. ＿＿＿＿＿＿

招投标阶段建筑安装工程施工费用计算表

序号	费用项目		计算公式	金额（元）
一	分部分项工程费		/	**1**
	其中	1. 人工费+机械费	**2**	**3**
二	措施项目费		（一）+（二）	1739443.00
	（一）施工技术措施项目费		/	1300000.00
	其中	2. 人工费+机械费	**4**	**5**
	（二）施工技术组织项目费		按实际发生项之和进行计算	**12**
	其中	3. 安全文明施工基本费	**6**	301911.00
		4. 提前竣工增加费	**7**	79599.00

续表

序号	费用项目		计算公式	金额（元）
	其中	5. 二次搬运费	8	9
		6. 冬雨季施工增加费	10	7065.00
		7. 行车、行人干扰增加费	11	44745.00
		8. 其他施工组织措施费	/	0.00
三	其他项目费		（三）+（四）+（五）+（六）	722413.38
	其中	（三）暂列金额	9+10+11	24
		9. 标化工地暂列金额	13	62643.00
		10. 优质工地暂列金额	14	23
		11. 其他暂列金额	/	0.00
		（四）暂估价	/	16
		12. 专业工程暂估价	/	15
		13. 专项措施暂估价	/	
		（五）计工日	17	18
		（六）施工总承包服务费	/	21
	其中	14. 专业发包工程管理费	19	20
		15. 甲供材料设备保管费	/	0.00
四	规费		22	1458687.00
五	税前工程造价		一+二+三+四	25
六	税金（增值税销项税或增收率）		26	27
七	建筑安装工程造价		五+六	28

7.4 小结与提升——书今之所悟

1. 如何在总的造价中体现出安全文明施工费？安全文明施工费是否一定要计取？

2. 谈谈你对工程造价组成的认识和感受，可以用小短句整理。

课后完成任务清单 2.1 建设工程费用组成、任务清单 2.2 园林工程造价的确定中的表单填写。

知识链接：安全文明施工费的计算方法

建筑工程里的安全文明施工费包括：环境保护费、文明施工费、安全施工费、临时设施费。

安全、文明施工费全称是安全生产费、文明施工措施费，是指按照国家现行的建筑施工安全、施工现场环境与卫生标准和有关规定，购置和更新施工防护用具及设施、改善安全生产条件和作业环境所需要的费用。

$$环境保护费=工程造价×环境保护费费率（％）$$

$$文明施工费=工程造价×文明施工费费率（％）$$

$$安全施工费=工程造价×安全施工费费率（％）$$

临时设施费由以下三部分组成：周转使用临建、一次性使用临建、其他临时设施。

7.5 拓展延伸

清单计价时工程风险费的费率是多少?

风险成本是指由于风险的存在和风险事故发生后人们所必须支出的费用和减少的预期经济利益。风险费的计取是一个模糊的概念，编制招标控制价时是招标文件中规定的一个费率，编制投标报价时由投标人自主确定。工程量清单计价中一定范围内的风险费是可以竞争的。

在编制招标控制价时需要考虑到工程风险，为此需要在综合单价中加入风险费用。风险费用是指为应对工程风险而预留的一定金额，通常以百分比的形式计算。即根据工程风险的大小、复杂程度以及历史经验等因素，确定风险费用的比例。通常，风险费用比例的范围为 1% ~ 5%。

在投标时，风险费是投标人报价时自行考虑的、招标文件明示或暗示的在工程施工过程中发生各种风险时应由投保人承担的费用。因此，报价时首先要考虑可能发生的风险，估算风险费用，然后编入投标报价中（可以是单价也可以是总价）。如果潜在中标人认为其施工过程不会发生可能导致自己费用支出增加的风险，也可以不用填报风险费用。就现今的建设工程市场情况来看，很少会有投标人填报该费用。

学习情境三

工料单价法原理计价

项目 8 应用园林绿化工程预算定额

项目导入

2020 年 7 月 24 日，住房和城乡建设部办公厅发布了《关于印发工程造价改革工作方案的通知》。通知中明确提出：取消最高投标限价按定额计价的规定，逐步停止发布预算定额。这也是党的二十大报告中再次强调的"深化简政放权、放管结合、优化服务改革，构建全国统一大市场，深化要素市场化改革，建设高标准市场体系"的要求，即坚持市场在资源配置中起决定性作用，进一步完善工程造价市场形成机制。

取消了定额，但工程造价行业并没有取消，工程造价工作还是与以前一样需要大量的从业人员去完成。取消定额并不是定额就不存在了，而是不再强调定额是工程计价的主要依据，不再发布强制执行的地区统一定额。取而代之的是企业定额与行业协会定额，但这些定额都是参考依据，不是强制执行的。学习定额计价为清单计价及企业定额的应用打基础。

能力目标和要求

课前结合《园林工程计量与计价》教材，预习任务清单 3.1 掌握园林绿化工程定额的换算方法。

➢ 了解绿化造价在工程中的意义。
➢ 能整理出定额总说明的总体要求。
➢ 能熟练地整理出绿化工程定额的说明及使用要点。
➢ 能完整地对绿化定额进行套用和换算。

8.1 项目情感准备——古往今来话

随着我国园林工程行业的快速发展，园林工程的实际效果逐渐得到了专业人士与大众的认可，园林工程也需要为其存在的经济管理问题制订出合理的控制措施。

根据材料并查找网络资源，分析造价在园林中的意义。

扫码获取资料
（8.1 项目情感准备）

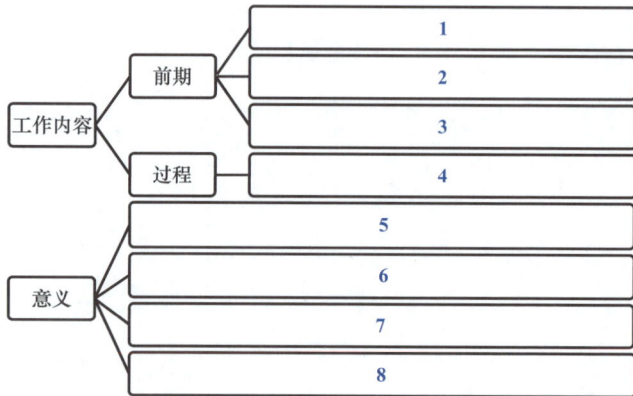

工作内容	前期	1
		2
		3
	过程	4
意义		5
		6
		7
		8

表单填写区

1. _____ 2. _____

3. _____

4. _____

5. _____   6. _____

7. _____   8. _____

8.2　项目知识提炼

任务 8-1　解读定额总说明

　　不同时期的定额，分别代表了当时的行业标准和要求。随着时间的推移，市场环境、技术水平以及政策法规等都发生了显著变化，因此，对不同版本的定额说明进行对比，不仅有助于我们了解行业的发展脉络，更能为今后的工作提供有益的参考。

对比浙江 2010 年版与 2018 年版定额总说明，完成相关要点的填写。

扫码视频学习（8-1.mp4）
获取资料（8-1 资源）

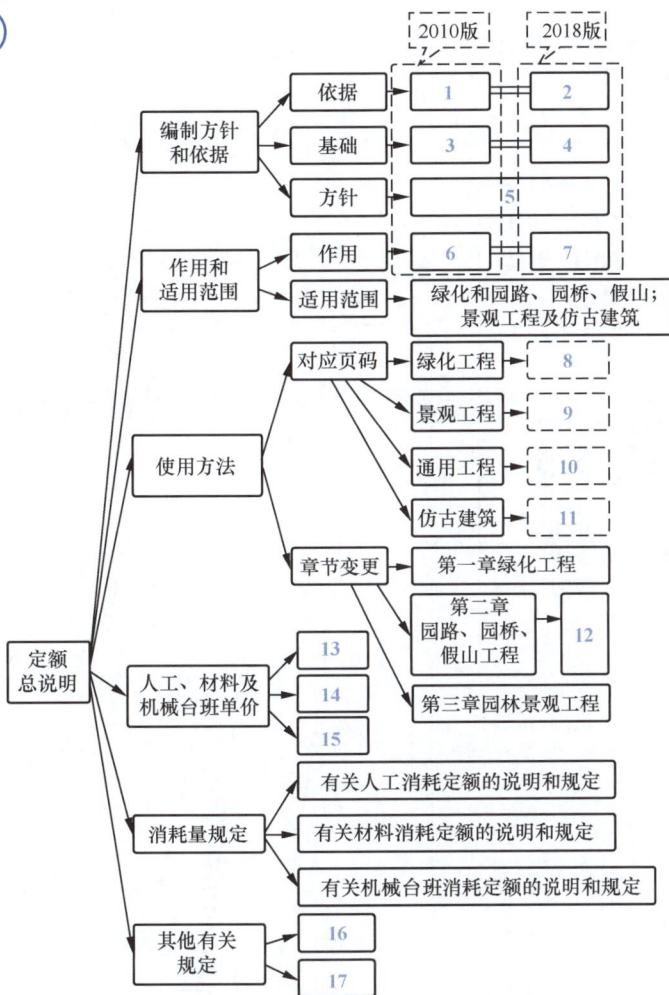

表单填写区

1. _____

2. _____

3. _____ 4. _____ 5. _____

6. _____ 7. _____ 8. _____ 9. _____

10. _____ 11. _____ 12. _____

13. _____ 14. _____ 15. _____

16. _____ 17. _____

任务 8-2 分析绿化部分定额说明

    绿化工程作为城市建设的重要组成部分,对于改善城市生态环境、美化城市景观具有不可替代的作用。定额说明作为绿化工程计价的基础和依据,对于规范市场行为、保障工程质量、控制工程成本具有重要的意义。

对比浙江 2010 年版与 2018 年版定额绿化部分说明,完成相关要点的填写。

扫码视频学习
（8-2.mp4）
获取资料
（8-2 资源）

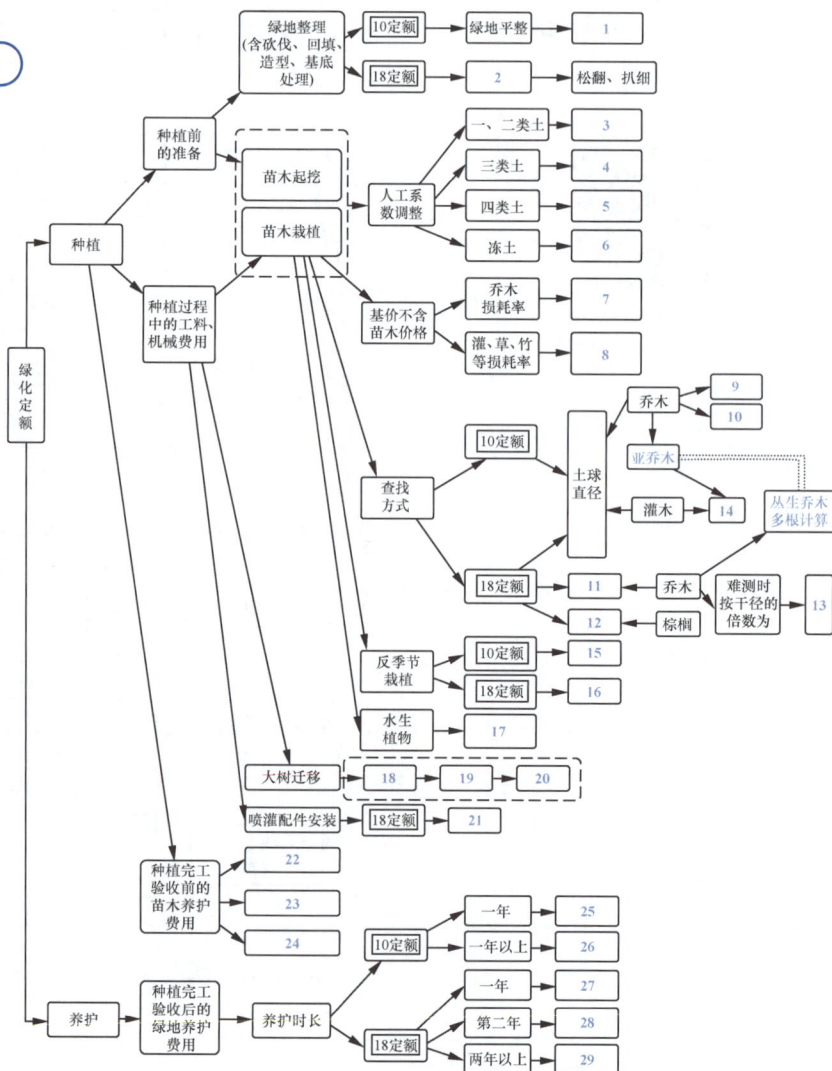

表单填写区

1. _____   2. _____   3. _____   4. _____   5. _____

6. _____   7. _____   8. _____   9. _____   10. _____

11. _____   12. _____   13. _____   14. _____   15. _____

16. _____   17. _____   18. _____   19. _____

20. _____   21. _____   22. _____

23. _____   24. _____   25. _____   26. _____

27. _____   28. _____   29. _____

任务 8-3　分析绿化定额相关术语

在绿化工程中，定额说明作为一种重要的计价工具，它不仅为工程造价的计算提供了依据，还在一定程度上规范了市场行为，保证了工程质量。

对比浙江 2010 版定额和 2018 版定额术语，标注相关术语。

扫二维码，学知识提炼

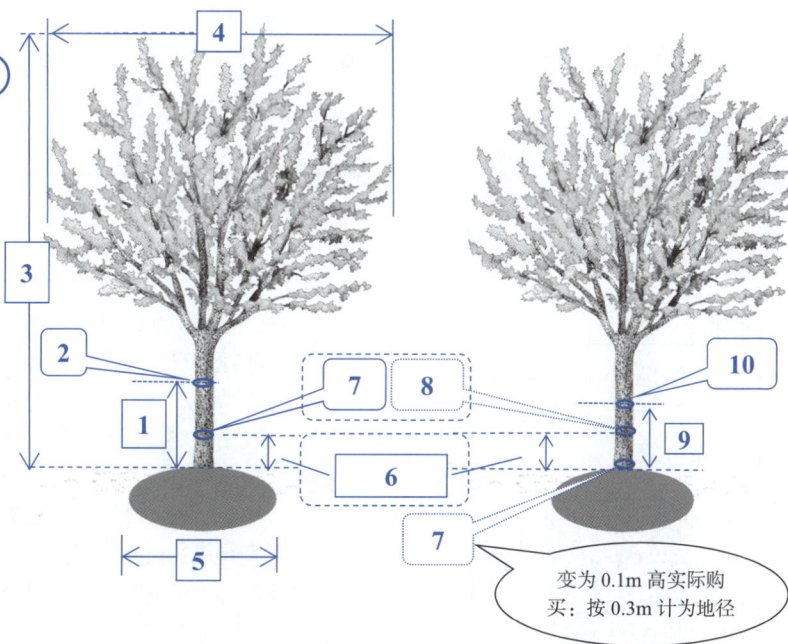

变为 0.1m 高实际购买：按 0.3m 计为地径

图左 2010 版定额术语标注　　图右 2018 版定额术语标注

表单填写区

1. _____   2. _____   3. _____   4. _____   5. _____

6. _____   7. _____   8. _____   9. _____   10. _____

8.3 项目技能提升

任务 8-4 测量记录乔木规格

室外测量一株校园乔木，并拍摄测量时的测量姿态，标注其离地位置尺寸；记录植物规格；制作土球模型。（参考右图）

步骤 1　确定高度

步骤 2　测量胸径

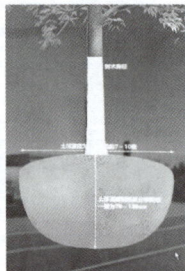

步骤 3　制作土球模型

根据 2018 版定额填写植物相关尺寸。

1. 苗木名称：＿＿＿＿＿＿＿　　2. 胸径：＿＿＿＿＿＿＿＿＿＿＿

3. 米径：＿＿＿＿＿＿＿＿＿　　4. 干径：＿＿＿＿＿＿＿＿＿＿＿

5. 地径：＿＿＿＿＿＿＿＿＿　　6. 株高（估算）：＿＿＿＿＿＿＿

7. 冠幅（估算）：＿＿＿＿＿　　8. 土球直径（推算）：＿＿＿＿＿

任务 8-5 换算苗木定额

团队分工，分别完成下面六种苗木的定额换算。

扫码视频学习（8-5.mp4）
获取资料（8-5 资源）

勾选自己负责的任务（价格保留小数点后两位）
1. 起挖 $\phi15$ 香樟（带土球四类土）　　　　　　□
2. 栽植 $\phi28$ 香樟（带土球三类土）　　　　　　□
3. 栽植 $\phi15$ 银杏（带土球三类土）　　　　　　□
4. 起挖 $\phi25$ 广玉兰（带土球三类土）　　　　　□
5. $\phi30$ 马褂木养护（水按 3.15 元/t）　　　　　□
6. 蓬径 320mm 含笑球养护（水按 3.15 元/t）　　□
提示：定额说明——填写绿化部分与该定额相关的说明和计算方法
　　　　换算类型——参考"任务 6-4"填写如人工系数调整、材料价差

2010 版定额

分部工程名称（章）	分项工程名称（节）	定额编码	目	子目	工程项目名称（目和子目的组合）	计量单位	定额基价（元）	基价换算公式	基价（元）

填写定额说明：

填写换算类型：

2018 版定额

分部工程名称（章）	分项工程名称（节）	定额编码	目	子目	工程项目名称（目和子目的组合）	计量单位	定额基价（元）	基价换算公式	基价（元）

填写定额说明：

填写换算类型：

8.4　小结与提升——书今之所悟

书今之所悟

扫码并在讨论区填写交流

1. 在苗木中的 D、P、W、Φ、d、H、L 等代表什么意思？

2. 当工程预算定额未正确换算，会产生哪些影响。

课后完成<u>任务清单 3.1 掌握园林绿化工程定额的换算方法</u>中的表单填写。

8.5　拓展延伸

现在苗木市场最大的问题是供需不平衡，有些苗子有市无价，有些苗子有价无市。从这种矛盾来看，未来苗木市场竞争的将不仅是苗木的品种和规格，品质和品牌才是核心竞争因素。

说到品质和品牌，就不得不提到精品苗，大家都知道精品苗不愁销，但不是任何一种苗子都能成为精品苗，唯有符合一定标准的苗子才能叫精品苗。

什么是精品苗？精品苗就是在胸径、高度、冠幅和土球等方面都符合一定标准的苗木，也就是说，标准化已经成为精品苗的必备条件。

扫码阅读（8.5 拓展延伸）
标准引领、行业服务、改革创新、绿色低碳

项目 9 计算乔木移植工程造价

项目导入

城市绿化可以为城市增添色彩和生机，也关系着老百姓的幸福指数。

城市中的树木，任何单位和个人不得擅自砍伐、移植。确需砍伐、移植的，应当报城市绿化行政主管部门审批。因此，在绿化工程中如有苗木条件较好，可以结合设计进行移栽或保留；而一些较大的树，特别是古树名木，因特殊原因需要迁移的，必须经城市绿化行政主管部门审查同意，报同级人民政府批准，由城市绿化行政主管部门指定单位实施。

苗木的迁移需要计算的成本可能会涉及刨坑人工费、根系土球包装费、吊装费、运输费、移栽费、保养维护费等。

具体来说，苗木迁移成本会与树木的胸径等规格或是其价值有关。如 2019 年，温州望江东路水门头 125 岁大榕树，因古树保护性需要进行移植，工程造价约 177 万元。由于该树土球重达 160 多 t，按照设计方案，移树时需两台 500t 的汽车吊机。古树对它所在区域地段具有一定的历史价值，且迁移难度大，原则上不建议迁移。这次对望江路的大榕树进行迁移，也是出于多方面的综合考虑，经过园林绿化主管部门行政审批同意才能执行。

能力目标和要求

课前结合《园林工程计量与计价》教材，预习任务清单 3.2 大树移植定额直接费的计算。
- ➤ 能熟悉掌握移植工程中的相关定额规定。
- ➤ 能对移植工程进行定额计价。
- ➤ 能对场地的实际情况进行定额的换算。

9.1 项目情感准备——古往今来话

在绿化工程中，大树移栽是一项复杂且技术要求高的作业。其造价受到多种因素的影响，包括树种、树龄、树高、冠幅、根系发达程度、移栽距离以及移栽后的养护管理等。

根据材料并查找网络资源，分析工程中的安全文明施工管理问题。

扫码获取资料
（9.1 项目情感准备）

大树移植在园林中的优缺点。

9.2　项目知识提炼

任务 9-1　分析绿化定额相关术语

在园林中，关于大树的定义与其胸径有关，同时常绿树与落叶树，对大树的规定、定义又会有所不同；在定额选择上，一般大树会另行计算，在大树迁移中进行计取。

对绿化定额中关键术语进行整理，并明确其定义。

扫码视频学习（9-1.mp4）

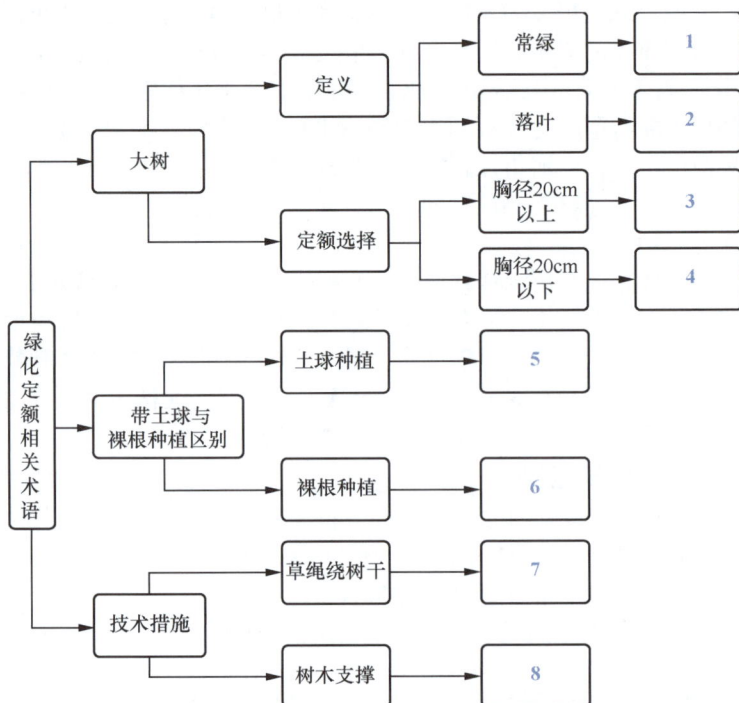

绿化定额相关术语
- 大树
  - 定义
    - 常绿 → 1
    - 落叶 → 2
  - 定额选择
    - 胸径20cm以上 → 3
    - 胸径20cm以下 → 4
- 带土球与裸根种植区别
  - 土球种植 → 5
  - 裸根种植 → 6
- 技术措施
  - 草绳绕树干 → 7
  - 树木支撑 → 8

表单填写区

1. ＿＿＿＿＿＿＿＿　2. ＿＿＿＿＿＿＿＿＿＿＿＿　3. ＿＿＿＿＿＿＿＿＿＿＿＿＿＿＿

4. ＿＿＿＿＿＿＿＿＿＿　5. ＿＿＿＿＿＿＿＿＿＿＿＿＿＿＿＿＿＿＿＿＿＿＿＿＿

6. ＿＿＿＿＿＿＿＿＿＿＿＿＿＿＿＿＿＿＿＿＿＿＿＿＿＿＿＿＿＿＿＿＿＿＿＿＿＿＿

7. ＿＿＿＿＿＿＿＿＿＿＿＿＿＿＿＿＿＿＿＿＿＿＿＿＿＿＿＿＿＿＿＿＿＿＿＿＿＿＿
＿＿＿

8. ＿＿＿＿＿＿＿＿＿＿＿＿＿＿＿＿＿＿＿＿＿＿＿＿＿＿＿＿＿＿＿＿＿＿＿＿＿＿＿

知识链接：关于卷干和支撑

Q1：是否所有植物都需要计算卷干和支撑？

对造价来说，这是根据施工方案中的要求进行计算，在施工方案中一般会标明卷干高度、支撑方法，因此要看清设计中的相关说明和要求。

在施工方案中，树木支撑和树棍桩的选用应根据具体植物和种植条件综合考虑，以确保植物的生长和稳定。一般要求乔木在栽植后都需要进行卷干。乔木和珍贵树木栽植后，必须立支撑；一些大灌木和大的盆栽植物根据实际情况需要进行支撑。

Q2：四脚桩、三脚桩、一字桩等如何选择？

对于需要支撑的树木，通常采用三脚桩或四脚桩。对于直径 10cm 以上的乔木，一般使用四脚桩，而对于直径 10cm 以下的乔木，则使用三脚桩。实际多采用三脚支护支撑，因为三脚桩性价比较高，一般三角桩花费人工材料大约十几元，四脚桩费用比较高。

在选择树棍桩时，还需考虑树木的重量、生长特点、种植地点等因素。例如，在斜坡上种植的树木需要使用四脚桩以增加稳定性；在软土地或沙土地上施工时，需要采用不同的桩子材料和施工方法；在北方，特别是在风沙大地区种植完乔木，都要设置三角桩或四角桩支撑，防止刚种完的乔木根系出现松动，不利于乔木的生长和成活。

Q3：苗木移栽前都要缠草绳吗？

树皮老化的大树以及老树，不建议缠草绳。移栽时的一些大树、老树、还有一些韧皮部外围老化这样的树木，缠草绳反而会破坏韧皮部的角质层，在养护过程中不断地浇水淋湿草绳，会造成角质层的不断腐化，导致真菌、病虫害的直接侵入，非但不能起到保湿作用，反而有可能导致大树被破坏而死亡。

Q4：哪些树必须缠草绳？

对于树皮发白和发青以及比较光滑树龄较小的树木，必须缠草绳。提起树干发青发白、比较光滑，大家肯定首先想到的是紫薇、二乔悬铃木、冬青这些树种，因为这些树种角质层相对与其他树种来说比较薄，保水能力差。这个时候缠上草绳不仅可以保湿，还能做到长效保水，减缓水分蒸发。即使到了寒冷的冬季，也能起到一定的防冻效果。

Q5：卷干和支撑何时拆除？

草绳一般是于次年的 4~5 月拆除，也可让其自然脱落，一般会在风吹日晒的作用下逐渐脱落。草绳同时诱集部分害虫下树越冬，拆除时可在草绳下方放铺垫物，避免草绳内的越冬虫体落入树穴。

对于绿化苗木而言，苗木支撑架是一把"双刃剑"，它既可以保护树木也可以伤害树木。当苗木的生长达到一定阶段之后，这些支撑架如果不及时进行拆除，会对苗木带来负面的影响，如苗木根系变弱，捆扎物嵌入树干阻碍养分水分运输，形成伤口成为病菌害虫的侵入途径，木质类支撑杆成为病菌虫卵的寄生场所，影响行人行走。一般来说，支撑杆在苗木移植两年且根系扎牢后应进行拆除。

9.3　项目技能提升

任务 9-2　测量分析技术措施工程量

根据绿化种植相关规范中对于卷干和支撑的要求，进行重点整理。

扫码获取资料（9-2 资源）

1. 多大规格的树木需要支撑？_____

2. 支撑立柱的埋土要求：_____

_____

3. 单支柱或双支柱支撑适合哪种行道树？_____

4. 树干支撑点高度多少合适？_____

5. 什么规格的树宜结合牵引固定？_____

6. 植物支撑要保持至少多久？_____

_____

7. 多大规格的树木需要卷干？_____

_____

8. 卷干包扎位的位置：_____

_____

9. 某乔木胸径 25cm，假设其绕树杆高 1.5m，试根据相关定额估算需要用到的草绳重量。

_____

10. 某乔木胸径 25cm，高度 7 米，试估算其支撑高度范围；如用四脚桩支撑，查找相应的定额，找到所需要的支撑主材的根数。

_____

任务 9-3　计算树木迁移种植工程造价

某绿地（土质为二类土）有胸径 17cm 的银杏 3 棵、胸径 28cm 的银杏 3 棵，进行场地内的移植工作，试计算其定额直接费。（采用 2010 版定额）

扫码获取资料（9-3 资源）

某绿地（土质为二类土）有胸径 17cm 的银杏 3 棵、胸径 28cm 的银杏 3 棵。要求迁移至本施工场地的另处（土为二类土）种植，试计算其定额直接费。

已知：①银杏种植时要带土球；②每棵树用草绳绕树干 2m；③种植后用树棍桩三脚支撑；④养护期 1 年。

步骤 1：填写工序。

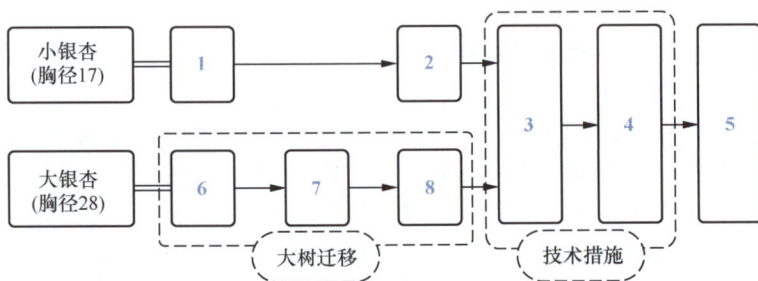

表单填写区

1. _____　2. _____　3. _____　4. _____

5. _____　6. _____　7. _____　8. _____

步骤 2：填写表单（采用 2010 版定额计取）。

提示：工程量保留三位小数，价格保留两位小数。

分部分项工程费计算表

单位（专业）工程名称：树木迁移种植工程　　　　　　　　　　　　　　　　第 1 页　共 1 页

序号	定额编号	名称及说明	单位	工程数量	工料单价（元）	合价（元）
		小银杏				
1	1	2	3	4	5	6
2	7	8	9	10	11	12
3	13	14	15	16	17	18
		大银杏				
4	19	20	21	22	23	24
5	25	26	27	28	29	30

续表

序号	定额编号	名称及说明	单位	工程数量	工料单价（元）	合价（元）
6	31	32	33	34	35	36
7	37	38	39	40	41	42
		技术措施				
8	43	44	45	46	47	48
9	49	50	51	52	53	54
10	55	56	57	58	59	60
合计						61

表单填写区

小银杏

1. _____　2. _____　3. _____　4. _____　5. _____　6. _____

7. _____　8. _____　9. _____　10. _____　11. _____　12. _____

13. _____　14. _____　15. _____　16. _____　17. _____　18. _____

大银杏

19. _____　20. _____　21. _____　22. _____　23. _____　24. _____

25. _____　26. _____　27. _____　28. _____　29. _____　30. _____

31. _____　32. _____　33. _____　34. _____　35. _____　36. _____

37. _____　38. _____　39. _____　40. _____　41. _____　42. _____

技术措施

43. _____　44. _____　45. _____　46. _____（草绳工程量=_____）

47. _____　48. _____　49. _____　50. _____　51. _____

52. _____　53. _____　54. _____　55. _____　56. _____

57. _____　58. _____（三脚桩工程量=_____）59. _____　60. _____　61. _____

任务 9-4　计算树木迁移种植工程造价（与定额不同）

某绿地（土质为四类土）有胸径 17cm 的银杏 3 棵、胸径 28cm 的银杏 3 棵，要求迁移至本施工场地的另处（土为三类土）种植，试计算其定额直接费。

已知：①银杏种植时要带土球，用购买的种植土人工回填（种植土的预算价格为 35 元/m³，人工搬运种植土至树穴距离为 40m）；②每棵树用草绳绕树干 2m；③种植后再用长 2.2m 的树棍桩三脚支撑；④养护期 2 年。

步骤1：填写工序，并标明换算类型和换算公式等。

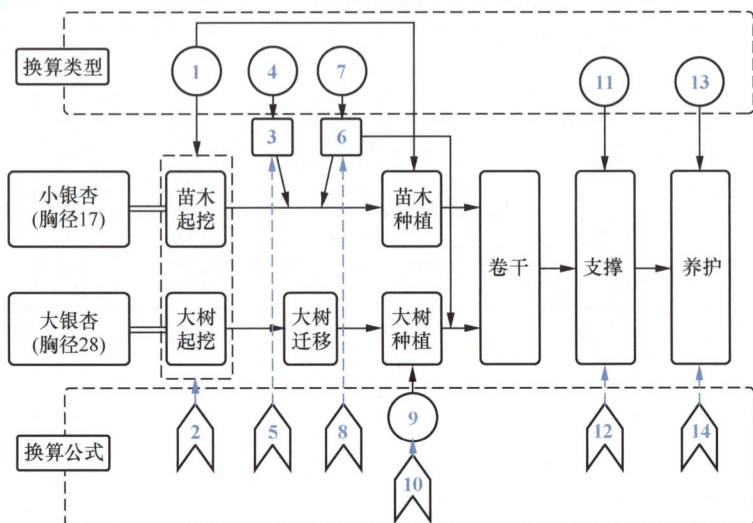

某绿地（土质为四类土）有胸径17cm的银杏3棵、胸径28cm的银杏3棵，移栽到同一场地中的三类土地块，进行场地内的移植工作，试计算其定额直接费（采用2010定额）。

扫码获取资料（9-4资源）

表单填写区

1. _____ 2. _____
3. _____ 4. _____ 5. _____
6. _____ 7. _____
8. _____ 9. _____
_____ 10. _____
11. _____ 12. _____
_____ 13. _____ 14. _____

步骤2：填写表单（采用2010版定额计取）。

分部分项工程费计算表

单位（专业）工程名称：树木迁移种植工程 　　　　　　　　　　　第1页　共2页

序号	定额编号	名称及说明	单位	工程数量	工料单价（元）	合价（元）
		小银杏				
1	1	2	3	4	5	6
2	7	8	9	10	11	12
3	13	14	15	16	17	18
4	19	20	21	22	23	24
		大银杏				
5	25	26	27	28	29	30
6	31	32	33	34	35	36

续表

序号	定额编号	名称及说明	单位	工程数量	工料单价（元）	合价（元）
		大银杏				
7	37	38	39	40	41	42
8	43	44	45	46	47	48
9	49	50	51	52	53	54
		技术措施				
10	55	56	57	58	59	60
11	61	62	63	64	64	66
12	67	68	69	70	71	72
合计						73

表单填写区

小银杏

1. _____ 2. _____ 3. _____ 4. _____

5. _____（基价=_____） 6. _____ 7. _____

8. _____ 9. _____ 10. _____ 11. _____

（基价=_____）12. _____ 13. _____ 14. _____

15. _____ 16. _____ 17. _____（基价=_____）

18. _____ 19. _____ 20. _____ 21. _____

22. _____ 23. _____（基价=_____）24. _____

大银杏

25. _____ 26. _____ 27. _____

28. _____ 29. _____（基价=_____）30. _____ 31. _____

32. _____ 33. _____ 34. _____ 35. _____

36. _____ 37. _____ 38. _____

39. _____ 40. _____ 41. _____（基价=_____）

42. _____ 43. _____ 44. _____ 45. _____

46. _____（工程量=_____）47. _____（基价=_____）

48. _____ 49. _____ 50. _____ 51. _____

52. _____ 53. _____（基价=_____）54. _____

技术措施

55. _____ 56. _____ 57. _____ 58. _____

59. _____ 60. _____ 61. _____ 62. _____

63. _____ 64. _____ 65. _____ 66. _____ 67. _____ 68. _____

69. _____ 70. _____ 71. _____（基价=_____）72. _____ 73. _____

9.4　小结与提升——书今之所悟

　　1. 对比大树栽植和普通树种栽植中计算时的不同之处。提示，如定额的选取方面，金额差别，单位等。

_____

_____

　　2. 总结苗木换算的主要类型和易错点。

_____

_____

　　课后完成任务清单 3.2 大树移植定额直接费的计算中的表单填写。

9.5　拓展延伸

　　难度好大！市区望江路上那棵 125 岁大榕树周六"搬家"！只因……❶

　　5 月 25 日起至 5 月 28 日止，因望江东路水门头古树保护性移植工程的需要公安交管部门决定对该路段实施临时限制交通措施，这就意味着这棵百年大榕树，正式开始"搬家"了。

扫码阅读（9.5 拓展延伸）
标准引领、行业服务、改革创新、绿色低碳

---

❶ https://www.sohu.com/a/316334918_355952

项目 10　虚拟仿真——训练乔木移植工程计价技能

项目导入

园林绿化所用土壤，如果绿化地原来是好地，基本不用再买；如果原来是一些建筑工地或达不到绿化土壤指标的，一般需买土平整。所需土壤一般从附近的村里买，主要有黄泥、山泥、介质土等。绿化苗木栽植有时会买一些草炭土之类用在树坑里，具体要根据植物特点、种植要求和土壤理化特性等进行土壤改良。

随着各地绿化项目的开展，闲置在山上的看似普通的黄泥也就因此成了"香馍馍"。黄泥从几年前每立方米 30 元的价格，涨到每立方米 40 元以上，而黄泥开采较少有正规渠道，导致工程车偷采黄泥屡禁不止；施工时，也存在着水泥块没清理就往上盖黄土、在回填淤泥上种树、在建筑垃圾上种树等现象。工程监理在浇筑混凝土时会在一旁站着监督，但是绿化工程回填黄土时却没有这个要求。

种植土在挖采带来一系列的生态问题，如在回填时厚度不足导致苗木养护期过后坏死可能性增大、存活很难、生长不大等。此外，在定额的使用时，由于土方的可松性系数不同，如种植土为松填，搬运时以自然状态的体积来计算等，在造价和管理时不仅要根据各类植物的特点合理计算土方量，还要掌握虚实土方体积折算办法。

能力目标和要求

课前结合《园林工程计量与计价》教材，预习任务清单 3.3 巩固大树移植定额直接费的计算。

➤　掌握虚实土方体积的换算方法。

➤　了解乔木起挖、栽植、养护等施工流程。

➤　掌握乔木移栽工程定额计价方法。

10.1　项目情感准备——古往今来话

在这个快速发展的时代，我们的土地正面临前所未有的挑战。随着城市化的步伐不断加快，土地资源变得日益珍贵，而一些不法分子却利用这一机会，非法开采土地资源，给环境和生态带来了严重破坏。

根据材料并查找网络资源，分析工程中对黄泥等矿产资源的管理合理利用等问题。

扫码获取资料
（10.1 项目情感准备）

1. 黄泥是否一定要办理采矿许可证后才能使用？请结合实际情况进行分析。

_____

_____

2. 查找当地近期非法开采黄泥等矿产资源的案件，整理主要事件和处理方法。

_____

_____

3. 结合专业，谈谈如何保护利用黄泥等矿产资源。

_____

10.2 项目知识提炼

任务 10-1 整理土方量与土球直径换算方法

在土木工程中,天然密实体积和松填体积是两个重要的概念,它们分别代表了土壤在自然状态下的体积和经过挖掘、运输和填充后的体积。这两个概念对于工程量的计算和成本估算至关重要。

土方量与土球直径在不同计价体系下的换算方法整理。

扫码视频学习(10-1.mp4)
获取资料(10-1 资源)

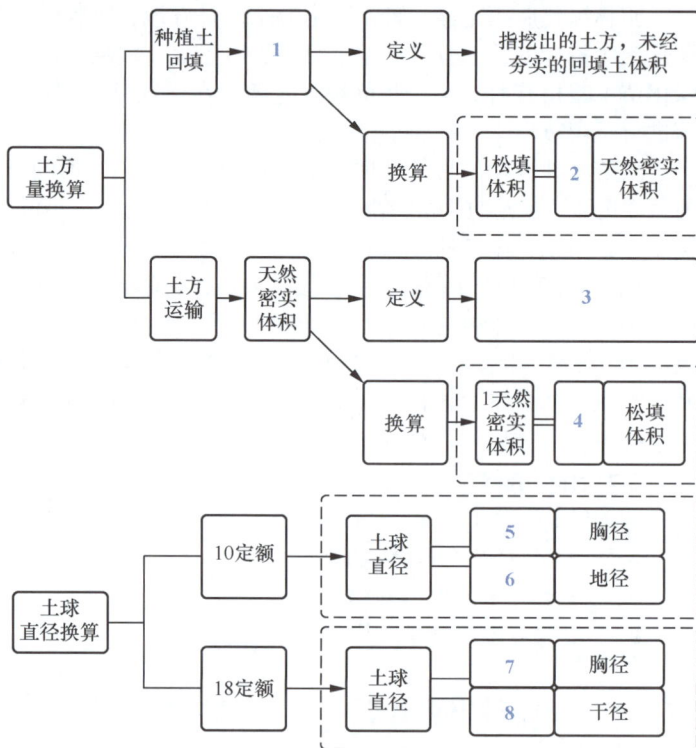

土方量换算
- 种植土回填 → 1 → 定义 → 指挖出的土方,未经夯实的回填土体积
  - 换算 → 1松填体积 2 天然密实体积
- 土方运输 → 天然密实体积 → 定义 → 3
  - 换算 → 1天然密实体积 4 松填体积

土球直径换算
- 10定额 → 土球直径 → 5 胸径 / 6 地径
- 18定额 → 土球直径 → 7 胸径 / 8 干径

表单填写区

1. _____ 2. _____ 3. _____

4. _____ 5. _____ 6. _____ 7. _____ 8. _____

知识链接:植物种植土壤较差的原因

景观工程施工一般是先完成园林建筑、铺装、园路等硬质景观后回填种植土,再进行植物种植。本应先清理建筑垃圾后再填种植土,而施工单位为节约成本很少去做,致使种植土壤变薄,甚至把回填土与原土壤以建筑垃圾为隔层使其分开,结果使植物很难生长,给日后的养护带来极严重的后果。若遇旱年,则植物可能全部死亡。

园林工程种植土的另一个普遍问题是很喜欢用黄泥。黄泥虽有其优点,如表层覆盖黄泥使绿地显得干净,视觉效果好;表层覆盖黄泥可明显减少杂草数量、种类;种植穴四周铺以少许黄泥有利于植物发根,但黄泥毕竟黏性太重,酸性太强,又贫瘠,利于多数植物生长,故而在园林植物种植中控制黄泥用量非常重要。

10.3　项目技能提升

任务 10-2　计算树木迁移种植工程造价（虚拟仿真）

某绿地（土质为二类土）有胸径 17cm 的银杏 3 棵、胸径 28cm 的银杏 3 棵。要求迁移至本施工场地的另处（土为二类土）种植，试计算其定额直接费。

已知：①银杏种植时要带土球；②每棵树用草绳绕树干 2m；③种植后用树棍桩三脚支撑；④养护期 1 年。

步骤 1：填写工序。

> 某绿地（土质为二类土）有胸径 17cm 的银杏 3 棵、胸径 28cm 的银杏 3 棵，进行场地内的移植工作，试计算其定额直接费。（采用 2018 版定额）
>
>
>
> 扫码获取资料（10-2 资源）

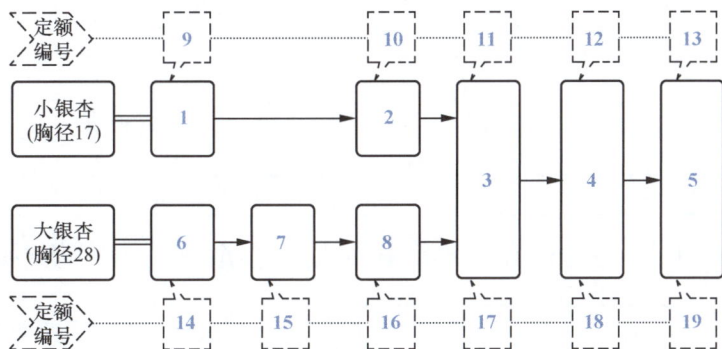

表单填写区

1. ＿＿＿＿＿　2. ＿＿＿＿＿　3. ＿＿＿＿＿　4. ＿＿＿＿＿

5. ＿＿＿＿＿　6. ＿＿＿＿＿　7. ＿＿＿＿＿　8. ＿＿＿＿＿

9. ＿＿＿＿＿　10. ＿＿＿＿＿　11. ＿＿＿＿＿　12. ＿＿＿＿＿

13. ＿＿＿＿＿　14. ＿＿＿＿＿　15. ＿＿＿＿＿　16. ＿＿＿＿＿

17. ＿＿＿＿＿　18. ＿＿＿＿＿　19. ＿＿＿＿＿

步骤 2：进入"园林工程计量与计价虚拟仿真实训软件"，完成"项目 1 乔木栽植""项目 3 大树移栽"的训练，并记录提示中的错误点进行总结分析写入步骤 3 的表格中。（注：软件按浙江 2018 版定额进行编写）

园林工程计量与计价虚拟仿真实训软件 → 模块一定额计价方式确定园林工程造价 → 任务1绿化工程造价 → 项目1乔木栽植 项目3大树移栽

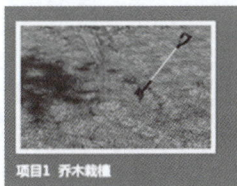

项目1　乔木栽植

项目3　大树移栽

步骤 3：填写及粘贴表单（采用 2018 版定额计取），并填写最后的合计项。

单位（专业）工程名称：树木迁移种植工程 　　　　　　　　　　　　　　　　第 1 页　　　共 1 页

序号	定额编号	名称及说明	单位	工程数量	工料单价（元）	合价（元）
		小银杏				
1		拍照粘贴实训成果或拍照提交，项目 1			填写软件提示中的错误点	
2						
3						
4						
5						
		大银杏				
6		拍照粘贴实训成果或拍照提交 项目 3			填写软件提示中的错误点	
7						
8						
9						
10						
11						
		合计（需汇总填写）				

任务 10-3　计算树木迁移种植工程造价（与定额不同——虚拟仿真）

某绿地（**土质为四类土**）有胸径 17cm 的银杏 3 棵、胸径 28cm 的银杏 3 棵，移栽到同一场地中的**三类土**地块，进行场地内的移植工作，试计算其定额直接费（采用 2018 版定额）。

扫码获取资料（10-3 资源）

某绿地（土质为四类土）有胸径 17cm 的银杏 3 棵、胸径 28cm 的银杏 3 棵。要求迁移至本施工场地的另处（土为三类土）种植，试计算其定额直接费。

已知：①银杏种植时要带土球，用购买的种植土人工回填（种植土的预算价格为 35 元/m³，人工搬运种植土至树穴距离为 40m）；②每棵树用草绳绕树干 2m；③种植后再用长 2.2m 的树棍桩三脚支撑；④养护期 2 年。

步骤 1：填写工序，并标明换算类型和换算公式等。

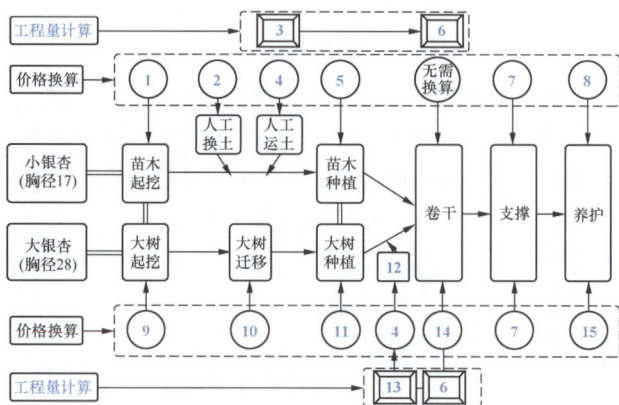

表单填写区

1. _____　　2. _____

3. 换土（3 株填方量）_____　运土（密实体积）_____

放大单位转换（10m³）_____　4. _____

5. ＿＿＿＿＿＿＿＿＿＿　　6.　工程量=＿＿＿＿＿＿＿＿＿＿＿＿＿＿

7. ＿＿＿＿＿＿＿＿＿＿　　8.　＿＿＿＿＿＿＿＿＿＿＿＿＿＿＿＿

9. ＿＿＿＿＿＿＿＿＿＿　　10.＿＿＿＿＿＿＿＿＿＿＿＿＿＿＿＿

11. ＿＿＿＿＿＿＿＿＿＿　　12.＿＿＿＿＿＿＿＿＿＿＿＿＿＿＿＿

13.　换土（3株填方量）＿＿＿＿＿＿＿＿＿＿＿　运土（密实体积）＿＿＿＿＿＿＿＿＿＿

放大单位转换（10m³）＿＿＿＿＿＿＿＿＿＿＿＿＿＿＿＿＿＿＿＿＿＿＿＿＿＿

14. ＿＿＿＿＿＿＿＿＿＿　　15.＿＿＿＿＿＿＿＿＿＿＿＿＿＿＿＿

步骤 2：请进入"园林工程计量与计价虚拟仿真实训软件"。

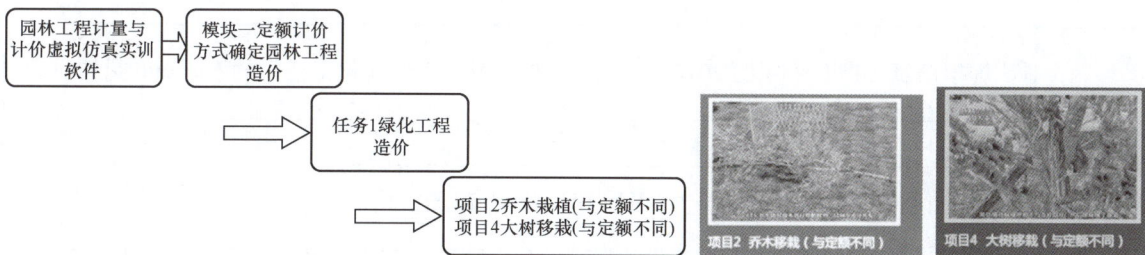

完成"项目 2 乔木栽植（与定额不同）"项目 4 大树移栽（与定额不同）"的训练，并记录提示中的错误点进行总结分析写入步骤 3 的表格中（注：软件按浙江 2018 版定额进行编写）。

步骤 3：填写及粘贴表单（采用 2018 版定额计取），并填写最后的合计项。

分部分项工程费计算表

单位（专业）工程名称：树木迁移种植工程　　　　　　　　　　　　第 1 页　　共 1 页

序号	定额编号	名称及说明	单位	工程数量	工料单价（元）	合价（元）
		小银杏				
1						
2	拍照粘贴实训成果或拍照提交，项目 2				填写软件提示中的错误点	
3						
4						
5						
6						
7						
		大银杏				
8						
9	拍照粘贴实训成果或拍照提交 项目 4				填写软件提示中的错误点	
10						
11						
12						
13						
14						
合计（需汇总填写）						

知识链接：绿化工程中种植土及回填土之间有何要求与区别

（1）概念不同。种植土是理化性能好，结构疏松、通气，保水、保肥能力强，适宜于园林植物生长的土壤。回填土是指工程施工中，完成基础等地面以下工程后再返还填实的土。

（2）要求不同。种植土的最佳要求是矿物质 45%、有机质 5%、空气 20%、水 30%。土壤团粒最佳为 1～5mm。要求土壤酸碱适中，排水良好，疏松肥沃，不含建筑和生活垃圾，且无毒害物质。土壤改良需因地制宜。回填土的要求一般是在 5m 以内的取相同或相似外观的土壤填盖施工。

（3）所属领域及用途不同。种植土属园林植物领域术语，其用途主要是为植物提供适当的肥料以及合适的保水、通气功能。回填土属工程施工领域的术语，其用途主要是为了回复原貌以及满足整洁和美观度的要求。

10.4　小结与提升

1. 对比虚拟仿真实训时采用的 2018 版定额与 2010 版定额在绿化工程中的不同点和易错点。

_____

_____

2. 查找本地区的黄泥供应市场，并估计当前的黄泥市场价格。

_____

_____

课后完成任务清单 3.3 巩固大树移植定额直接费的计算中的表单填写。

10.5　拓展延伸——书今之所悟

东北黑土是我国宝贵的自然资源之一，然而近年来，它却遭受了疯狂的盗挖。有些人通过非法盗挖黑土一夜暴富，而这也引起了人们的关注。那么，为什么黑土会如此值钱呢？

扫码阅读（10.5 拓展延伸）
标准引领、行业服务、改革创新、绿色低碳

项目 11 计算外购苗木种植工程造价

项目导入

种植苗木是绿化工程中必不可少的施工工序。苗木种植成本的计算是根据施工设计图上的苗木数量乘以相应的固定种植成本基价，计算出苗木品种的综合价格。定植费的底价是根据苗木内部各种质量指标确定的。所谓苗木内部质量指标，一般不是指苗木的高度、直径等外部尺寸，而是指苗木的泥球大小、胸径和地径，它们有着本质的区别。

同时，根据园林定额的规定，依据据苗木的分类不同，苗木的内在质量指标也不同。以浙江省 2018 版园林预算定额为例，在计算中，乔木以胸径为基础；灌木和藤本以泥球为基础；色带以苗高结合种植密度为基础；草坪则以不同的种植方式为基础等；散生竹和丛生竹、土球苗和裸根苗要选择不同的定额进行计取。

因此，要检核苗木的质量规格和标准是否齐全，只有数量正确、质量规格齐全，才能正确运用定额中规定的种植分项基价，保证种植成本计算的正确性。

除古树的种植、移栽和保护费用由双方协商确定外，一般种植费用应包括完成和移交后一个月的苗木种植和维护工作费用。竣工交工后，如有死苗，施工单位应在正式移交给甲方（业主）前完成补植，并由甲方（业主）对后期绿化养护进行日常管理。

能力目标和要求

课前结合《园林工程计量与计价》教材，预习任务清单 3.4 计算综合性绿化工程直接费的综合运用。

➤　能熟悉掌握外购苗木工程中的相关定额规定。

➤　能对外购苗木工程进行定额计价。

➤　能对场地的实际情况进行定额的换算。

11.1　项目情感准备——古往今来话

随着我国园林绿化建设的快速发展，苗木市场迅速繁荣，苗木交易也日益活跃。这一市场的兴起吸引了众多苗木生产企业和苗农投身其中，但由于市场参与者素质参差不齐，弄虚作假、不讲诚信的现象时有发生，严重扰乱了市场秩序。面对苗木市场的骗术，消费者需提高警惕，通过合法渠道购买苗木，并在购买前做好充分调查与核实。

根据材料并查找网络资源，苗木采购如何规避风险等问题。

扫码获取资料
（11.1 项目情感准备）

1. 苗木采购时除了资料里出现的风险外，查找是否还有其他的风险？

_____

_____

2. 查找资料分析，如何在施工管理时规避苗木采购的相关风险？

_____

_____

11.2　项目知识提炼

任务 11-1　分析绿化定额相关术语

冷地型草地和暖地型草地是根据植物对气候条件的适应性划分的两种草坪类型。片植灌木是一种有效的园艺技术，通过大面积种植灌木，可以增加绿化覆盖率，提升景观效果，同时也能够提高土壤稳定性和生态系统的多样性。绿地整理的过程主要包括清理场地、平整土地、改良土壤、铺设排水设施等步骤。

了解草坪分类、片植灌木和绿地整理相关定额的内容变化。

扫码视频学习（11-1.mp4）
获取资料（11-1 资源）

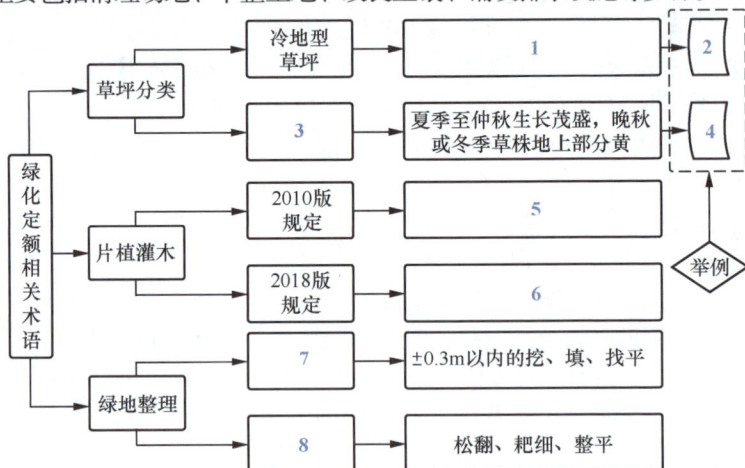

表单填写区

1. _____
2. _____ 3. _____ 4. _____
5. _____
6. _____
   7. _____ 8. _____

11.3　项目技能提升

任务 11-2　计算外购苗木种植工程造价

杭州某小区绿化工程需外购苗木进行种植，试计算其定额直接费。（采用 2010 版定额）

扫码获取资料（11-2 资源）

已知杭州某小区绿化工程，土质为三类土，绿地面积为 360m²，绿地整理厚度在 30cm 以内，场内无垃圾，无需处理。苗木要求带土球种植，种植后乔木采用树桩三脚支撑，乔木草绳绕树干高度为 2m/株，养护期为两年。试计算其定额直接费，并填入下表中。

其中苗木到场价如下：鹅掌楸 480 元/株，红花继木球 90 元/株，百慕大草皮 4 元/m²，凌霄 2 元/株，小叶栀子 2 元/株。苗木规格见如下植物名称及数量统计表。除苗木价格按照上述到场价计取外，人工、机械、其他材料费均按照定额相应价格计取。

植物名称及数量统计表

序号	植物名称	规格（cm）			单位	数量	备注
		胸径	冠幅	高度			
1	鹅掌楸	10	300	500	株	4	
2	红花檵木球		120	100	株	9	
3	凌霄	d2			株	6	三年生 3 株/m²
4	小叶栀子		35	40	m²	24	16 株/m²
5	百慕大草皮				m²	320	满铺

步骤 1：填写工序。

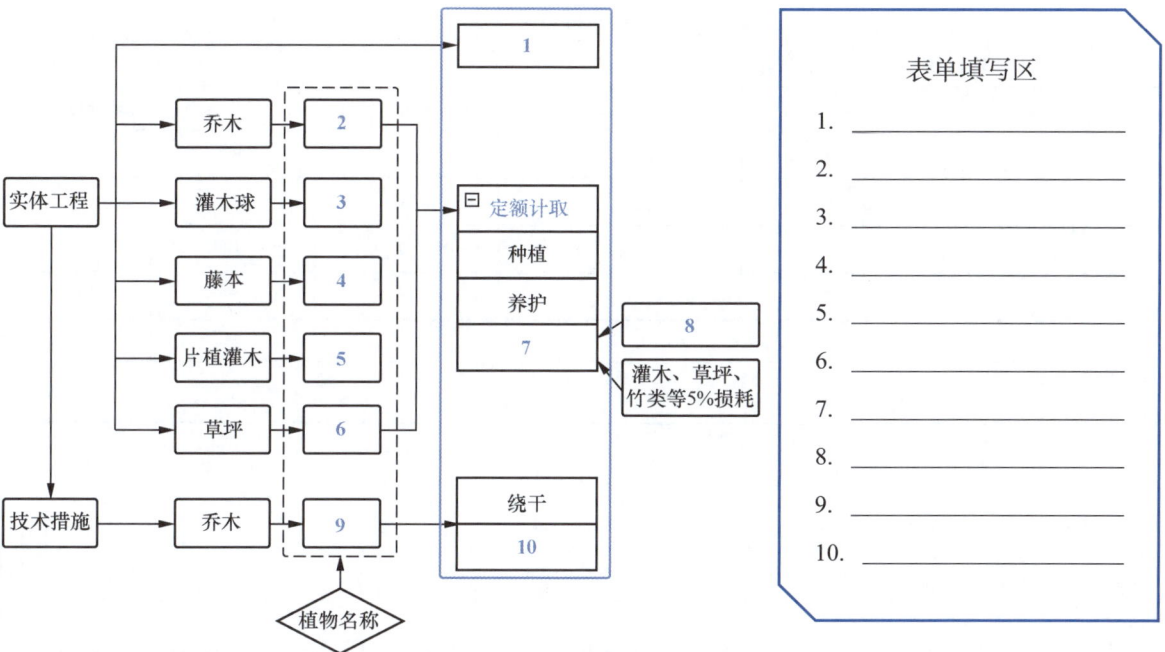

步骤 2：团队合作完成表单（采用 2010 版定额计取）。

分部分项工程费计算表（1）

单位（专业）工程名称：杭州某小区绿化工程　　　　　　　　　　　　　　　第 1 页 共 6 页

序号	定额编号	名称及说明	单位	工程数量	工料单价（元）	合价（元）	备注或计算式
1	1	2	3	4	5	6	/
		鹅掌楸					
2	7	8	9	10	11	12	13
3	14	15	16	17	18	19	20
4	主材	21	22	23	24	25	26
本页小计						27	

表单填写区

1. _____ 2. _____ 3. _____ 4. _____ 5. _____ 6. _____

7. _____ 8. _____ 9. _____ 10. _____

11. _____ 12. _____ 13. _____ 14. _____

15. _____ 16. _____ 17. _____ 18. _____

19. _____ 20. _____ 21. _____ 22. _____

23. _____ 24. _____ 25. _____ 26. _____ 27. _____

分部分项工程费计算表（2~5）

单位（专业）工程名称：杭州某小区绿化工程 　　　　　　　　　　　　　　第　页 共6页

序号	定额编号	名称及说明	单位	工程数量	工料单价（元）	合价（元）	备注或计算式
		22				~	
5	1	2	3	4	5	6	7
6	8	9	10	11	12	13	14
7	主材	15	16	17	18	19	20
本页小计						21	

表单填写区

1. _____ 2. _____ 3. _____ 4. _____ 5. _____

6. _____ 7. _____ 8. _____ 9. _____

10. _____ 11. _____ 12. _____ 13. _____ 14. _____

15. _____ 16. _____ 17. _____ 18. _____

19. _____ 20. _____ 21. _____

分部分项工程费计算表（6）

单位（专业）工程名称：杭州某小区绿化工程 　　　　　　　　　　　　　　第6页 共6页

序号	定额编号	名称及说明	单位	工程数量	工料单价（元）	合价（元）	备注或计算式
		措施项目					
17	1	2	3	4	5	6	7
18	8	9	10	11	12	13	/
本页小计						14	
合计						15	

表单填写区

1. _____ 2. _____   3. _____ 4. _____

5. _____ 6. _____ 7. _____   8. _____

9. _____   10. _____ 11. _____ 12. _____

13. _____ 14. _____ 15. _____

11.4　小结与提升——书今之所悟

　　1. 总结本任务完成时的注意要点和易错点。

_____

_____

　　2. 查找本地区的苗木供应市场，并估算题目的中的苗木市场价格。

_____

_____

　　课后完成任务清单 3.4 计算综合性绿化工程直接费中的表单填写。

11.5　拓展延伸

　　一棵小树苗，种植下去，7 年后长成大树，种植成本 500 元，卖 5000 元，利润是成本的 10 倍以上。苗木行业是一个高利润但周期性很强的行业。

　　苗木行业同时也是投资坟场，如果品种不对、时机不对，很容易竹篮打水一场空，最后赔了夫人又折兵。

扫码阅读（11.5 拓展延伸）
标准引领、行业服务、改革创新、绿色低碳

课堂笔记

项目 12 虚拟仿真——训练外购苗木种植工程计价技能

项目导入

工程造价指标反映的是每平方米面积造价，是对建筑、安装工程各分部分项费用及措施项目费用组成的分析，同时也包含了各专业人工费、材料费、机械费、企业管理费、利润等费用的构成及占工程造价的比例。造价指标以金额表示，有总造价指标和分项工程造价指标，如一幢住宅，总造价规定每平方米指标 170 元，其中土建工程 142 元/m²，上、下水工程 9.5 元/m²，照明 4.5 元/m²，暖气 11 元/m²，煤气 3 元/m²。

建设工程造价主管部门设立建设工程造价基础数据库以及市场价格监测和预警机制，定期发布工程指标等相关信息，利用大数据等手段开展建设工程造价信息监测。

通过查找本省的造价指标，以"某中小学校项目工程造价指标"为例，土建工程在项目中的占比是最大的，园林工程占比不足 5%；而费用占比中分析发现，材料费占比达 60% 以上，其次是人工费。园林绿化虽然在工程造价中占比不高，但必不可缺，同时做好成本控制中的苗木材料控制十分重要，多渠道收集市场信息，充分发挥市场竞争机制，结合亲临现场考察，进行材料采购。

能力目标和要求

课前结合《园林工程计量与计价》教材，预习任务清单 3.5 巩固综合性绿化工程直接费的计算。

➤ 能巩固外购苗木工程中的相关定额规定。
➤ 熟练进行外购苗木工程中的定额计价。
➤ 熟练进行绿化定额的换算。

12.1 项目情感准备——古往今来话

在房地产行业中，低碳、生态、环保的理念已经深入人心，成为许多开发商宣传和销售的重要卖点。园林景观作为房地产项目的重要组成部分，不仅提升了居住环境的品质，还成为品牌地产的一张名片。然而，在追求绿色发展的同时，我们也不能忽视园林景观投入与产出比的问题。

根据材料，分析造价与项目设计之间的关系。

扫码获取资料
（12.1 项目情感准备）

1. 在小区景观工程中，哪部分造价占比最高？而软景中哪三类植物是成本控制的关键？

_____

2. 小区景观绿化工程从设计到施工各阶段，应通过哪些关键措施实现造价成本控制？

_____

大国重器：城市更新中的造价定额

　　我国城市发展进入城市更新重要时期，由大规模增量建设转为存量提质改造和增量结构并重，从"有没有"转向"好不好"。为给城市更新、老旧小区改造、老城保护等修缮工程提供造价依据，浙江省出台了一系列城市更新相关的建设定额如《浙江省房屋建筑安装工程修缮预算定额》《浙江省市政设施养护维修预算定额》《浙江省园林绿化养护预算定额》等，及《浙江省城镇老旧小区改造工程计价规定》等通知。

　　以《浙江省城镇老旧小区改造工程计价规定》为例，明确了城镇老旧小区改造工程中园林专业工程执行方法，执行《浙江省园林绿化及仿古建筑工程预算定额》，人工消耗量乘以系数 1.10，材料消耗量乘以系数 1.01，机械消耗量乘以系数 1.05，并执行相应预算定额的取费费率。

12.2　项目知识提炼

任务 12-1　整理丛生乔木定额选取方法

　　丛生乔木，作为一种独特的植物形式，在园林景观设计中扮演着越来越重要的角色。以其独特的生长形态，为园林景观增添了自然野趣和艺术美感。

整理丛生乔木胸径计算方法。

扫码视频学习（12-1.mp4）

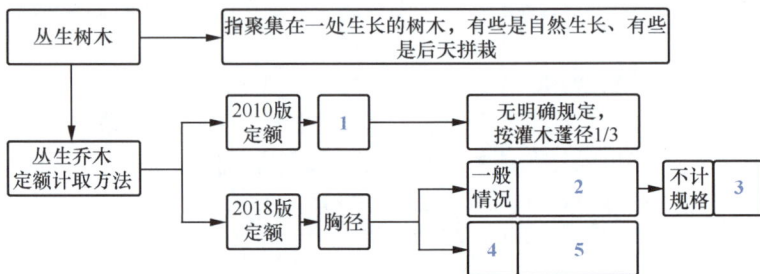

| 丛生树木 | → | 指聚集在一处生长的树木，有些是自然生长、有些是后天拼栽 |

丛生乔木定额计取方法
- 2010版定额 → 1 → 无明确规定，按灌木蓬径1/3
- 2018版定额 → 胸径
  - 一般情况 → 2 → 不计规格 3
  - 4 → 5

表单填写区

1. ＿＿＿＿＿＿＿＿　2. ＿＿＿＿＿＿＿＿＿＿　3. ＿＿＿＿＿＿＿＿＿＿

4. ＿＿＿＿＿＿＿＿＿＿＿＿＿＿＿＿　5. ＿＿＿＿＿＿＿＿＿＿＿＿＿＿

6. 紫丁香（丛生），胸径 3～5cm，5 杆/丛，试估算其胸径：＿＿＿＿＿＿＿＿＿＿＿

7. 五角枫（丛生），高度 700cm、冠幅 6000～6500mm，试估算其胸径＿＿＿＿＿＿＿＿

8. 丛生桂花，胸径 9.3/8.6/9.6/13/6cm，怎样确定其胸径？＿＿＿＿＿＿＿＿＿＿＿

9. 丛生朴树，每杆 10cm，4 杆/丛，试估算其胸径：＿＿＿＿＿＿＿＿＿＿＿＿

10. 丛生朴树，5～7 杆丛，每杆胸径 10cm 以上，试估算其胸径：＿＿＿＿＿＿＿＿

11. 丛生桂花，高度 4.5～5m，冠幅 4～5m 特选，多分枝（3 分枝）单杆 10cm 及以上，试估算其胸径：

＿＿＿＿＿＿＿＿＿＿＿＿＿＿＿＿＿＿＿＿＿＿＿＿＿＿＿＿＿＿＿＿＿＿＿＿＿＿

知识链接：丛生乔木

近几年，丛生苗，或者称多头苗盛行，丛生乔木在植物设计中应用普遍，用作孤赏树、组团中的主景树等。它与目前市场上的单杆型苗木不同，可以有多个主干，其分枝和枝干都是造型优美，而且观赏价值高于普通苗木。丛生苗是苗木种植的创新，适应了市场的需要，具有很好的发展优势。

丛生树按树形大小分为小乔木和大乔木两种类型，小乔木丛生如丛生紫薇、丛生樱花等；大乔木丛生树如丛生香樟、丛生朴树等；按培育方式分为原生丛生（从小培养型，一般 2~5cm 拼栽）和拼栽丛生（多杆丛生树、大苗拼栽型，一般 8~15cm 拼栽）。

丛生苗木怎样进行套价？像大规格的丛生骨架如香樟、朴树、黄连木、银杏树等都属于大乔木类的苗木，这类苗木清单上更注重的是它们的单杆粗度大小，可以采用每杆杆径相加综合计取；丛生灌木和观叶乔木，如紫薇、红叶李、碧桃、腊梅等，苗木清单上树冠和总高度要求很高，对其地径大小要求则不高，可以参考灌木进行计取。

12.3 项目技能提升

任务 12-2 计算外购苗木种植工程造价（虚拟仿真）

杭州某小区绿化工程需外购苗木进行种植，试计算其定额直接费。（采用 2018 定额）

扫码获取资料（12-2 资源）

已知杭州某小区绿化工程，土质为二类土，绿地面积为 360m²，绿地整理厚度在 30cm 以内，场内无垃圾，无需处理。苗木要求带土球种植，种植后乔木采用树桩三脚支撑，乔木草绳绕树干高度为 2m/株，养护期为一年。试计算其定额直接费，并填入下表中。

其中苗木到场价如下：鹅掌楸 480 元/株，红花继木球 90 元/株，百慕大草皮 4 元/m²，凌霄 2 元/株，小叶栀子 2 元/株。苗木规格见下表《植物名称及数量统计表》。除苗木价格按照上述到场价计取外，人工、机械、其他材料费均按照定额相应价格计取。

植物名称及数量统计表

序号	植物名称	规格（cm）			单位	数量	备注
		胸径	冠幅	高度			
1	鹅掌楸	10	300	500	株	4	
2	红花继木球		120	100	株	9	
3	凌霄	d2			株	6	三年生 3 株/m²
4	小叶栀子		35	40	m²	24	16 株/m²
5	百慕大草皮				m²	320	满铺

步骤 1：进入"园林工程计量与计价虚拟仿真实训软件"，完成"项目 5 外购苗木种植"的训练（注：软件按浙江 2018 版定额进行编写）。

园林工程计量与计价虚拟仿真实训软件 → 模块一定额计价方式确定园林工程造价 → 任务1 绿化工程造价 → 项目5 外购苗木种植

项目5 外购苗木种植

步骤2：填写表单（采用2018版定额计取）。

如题目中的土质改为三类土，养护期改为两年，以红花继木球为例，填写分部分项工程费计算表。

分部分项工程费计算表

单位（专业）工程名称：杭州某小区绿化工程　　第2页 共6页

序号	定额编号	名称及说明	单位	工程数量	工料单价（元）	合价（元）	备注或计算式
		红花檵木球					
5	1	2	3	4	5	6	7
6	8	9	10	11	12	13	14
7	主材	15	16	17	18	19	20
本页小计						21	

表单填写区

1. _____ 2. _____
3. _____ 4. _____ 5. _____ 6. _____
7. _____ 8. _____
9. _____
10. _____ 11. _____ 12. _____
13. _____ 14. _____
15. _____
16. _____ 17. _____ 18. _____ 19. _____
20. _____ 21. _____

步骤3：从人、材、机角度，以红花檵木球为例，分析2018版定额和2010版定额之间的变化。

_____
_____
_____

12.4　小结与提升——书今之所悟

1. 外购苗木种植与移栽项目在定额计价上有何差异？

_____
_____

2. 在绿化种植工程中，如何实现定额套用的精细化以控制工程造价？

_____
_____
_____

课后完成任务清单3.5巩固综合性绿化工程直接费的计算中的表单填写。

12.5　拓展延伸

　　近几年，丛生苗，或者称作多头苗盛行。曾经有一个项目，甲方要求所有的苗都尽可能是丛生苗。香樟有丛生的吗？栾树有丛生的吗？红果冬青有丛生的吗？

扫码阅读（12.5 拓展延伸）
标准引领、行业服务、改革创新、绿色低碳

项目 13　计算园路工程造价

项目导入

中国传统宅园中的硬质铺装不仅仅是满足通行的地面硬化，也蕴含了"花街铺地"这样的诗意与雅趣。在现代居住区景观设计中，硬质铺装作为景观的重要组成部分，其设计样式与工艺水平对整个居住区的效果和观感起着至关重要的作用，并直接决定了项目的格调和人居环境的宜居程度。

硬质铺装在整个居住区景观中占据了很大的比例，因此从前期的铺装系统设计到面层材料的选择，以及最终落地施工的呈现效果，都值得仔细推敲打磨。合理的铺装设计，整体协调统一的色彩质感，加上施工过程中美观大方的排版布局，才能营造出一个极具高级感的景观产品。

景观铺装设计以柔性或硬质材料对路面进行铺设。划分活动空间，导向区域人流，进行艺术创作，形成宜人的地面景观，给人以绝妙的视觉享受。"出人意外、入人意中"，无限创意结合设计规律，使踏出的每一步都遇见风景，让生活更出彩。

能力目标和要求

课前结合《园林工程计量与计价》教材，预习任务清单 3.6 园路工程工程量计算、任务清单 3.7 园路工程定额换算。

➢　了解园路的结构类型。

➢　能整理出园路的工程量计算方法。

➢　能对园路定额进行套用和换算。

13.1　项目情感准备——古往今来话

在中国古典园林中，每一寸土地都蕴含着深厚的文化底蕴和艺术智慧。当我们漫步其中，被那些亭台楼阁、曲水流觞所吸引时，往往会忽略脚下那片同样美丽的景致——园林铺地。然而，正是这些看似不起眼的铺地，构成了古典园林中不可或缺的一部分，为园林增添了无尽的韵味和魅力。

学习"花街铺地"的类型，并进行绘制分析。

扫码获取资料
（13.1 项目情感准备）

1. 以冰裂纹铺地为例，解析其文化寓意、主辅材料构成及纹样特征，并绘制工艺示意图。

2. 介绍花街铺地中常见的动物元素及文化内涵。

大国重器：香山绝学"花街铺地"

香山帮传统建筑营造技艺是江苏省苏州市地方传统手工技艺，是国家级非物质文化遗产之一。香山帮传统建筑营造技艺起源于春秋战国时期，形成于汉晋，发展于唐宋，兴盛于明清。新中国成立后，香山帮传统建筑营造工艺得到了继承和迅猛发展。

　　香山帮"花街铺地"的技艺，特别能体现出中国园林所独有的繁复美学。"花街铺地"之美，不仅在形制，更在精湛的工艺。香山帮匠人对"花街铺地"所用的卵石粒会一颗一颗精挑细选，严格控制在长度约 3cm，宽 1~2cm，经过特级抛光，定制加工。即便是由两位经验丰富的匠人带队，3 天时间也仅能拼出 1m^2 的"花街铺地"。

13.2　项目知识提炼

任务 13-1　整理园路结构类型

园路面层和基层是园路建设中非常重要的两个部分，它们共同决定了园路的使用性能和耐久性。

　　整理园路的目和子目，并以浙江省 2010 园林绿化定额为例，找出其页码和定额编号。

扫码视频学习（13-1.mp4）
获取资料（13-1 资源）

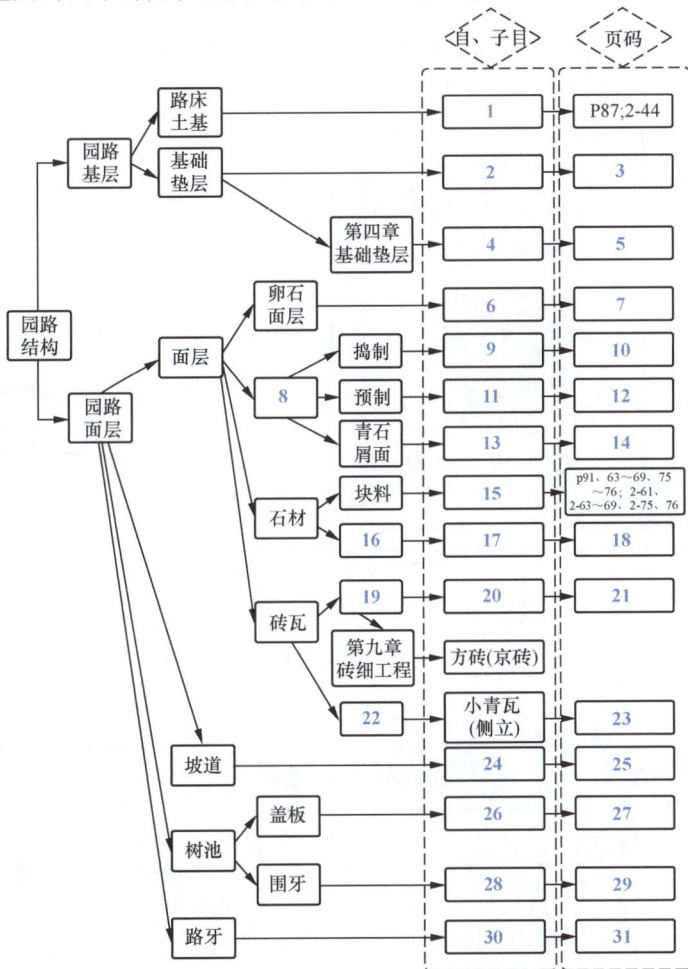

表单填写区

1. _____　2. _____　3. _____

4. _____　5. _____　6. _____

7. _____　8. _____　9. _____

10. _____　11. _____　12. _____

13. _____ 14. _____ 15. _____
16. _____ 17. _____ 18. _____ 19. _____
20. _____ 21. _____ 22. _____ 23. _____
24. _____ 25. _____ 26. _____
27. _____ 28. _____ 29. _____
30. _____ 31. _____

任务 13-2　分析园路结构

在园路的建设过程中，面层和基层的施工顺序通常是先做基层，待其达到一定的强度后，再进行面层的铺设。基层和面层之间需要有良好的结合，以保证园路的整体性能。

根据某园路剖面图，标明其结构组成。

扫码视频学习（13-2.mp4）

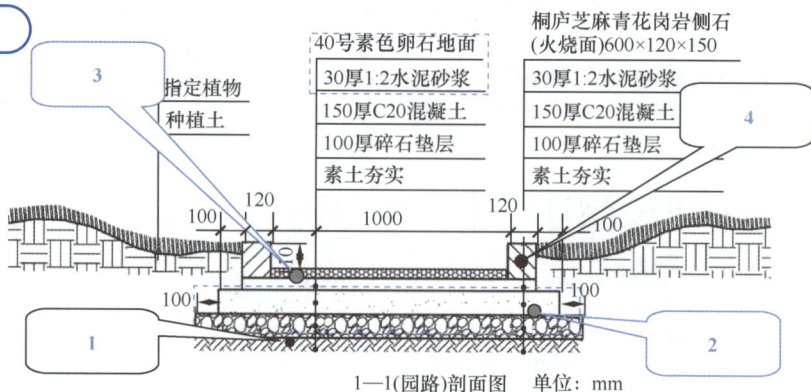

桐庐芝麻青花岗岩侧石
(火烧面)600×120×150

40号素色卵石地面
30厚1:2水泥砂浆
150厚C20混凝土
100厚碎石垫层
素土夯实

指定植物
种植土

30厚1:2水泥砂浆
150厚C20混凝土
100厚碎石垫层
素土夯实

3

4

1

2

100 120 1000 120 100

100 100

1—1(园路)剖面图　单位：mm

表单填写区

1. _____ 2. _____
3. _____ 4. _____

任务 13-3　整理园路计算规则

根据某园路剖面图，标明各结构对应的计量单位和定额计价模式下的园路工程计算规则。

扫码视频学习（13-3.mp4）
获取资料（13-3 资源）

园路工程量计算的范围通常包括园路的宽度、长度、厚度以及相关的附属设施。具体来说，园路的宽度和长度是计算园路总面积的基础，而厚度则关系到园路的承载能力和使用寿命。附属设施如路缘石、排水系统等也需要按照一定的规则进行计算。

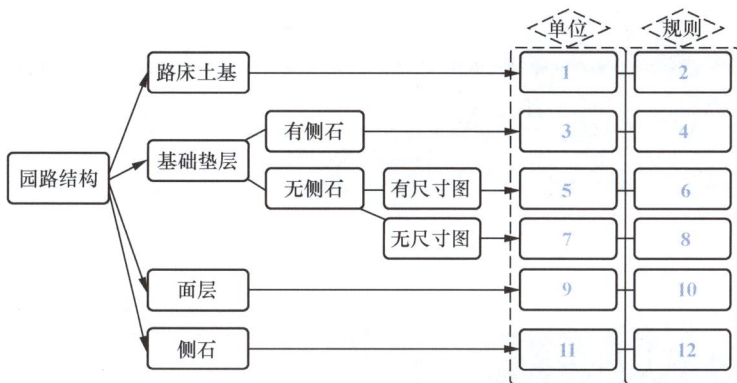

表单填写区

1. _____ 2. _____   3. _____ 4. _____

5. _____ 6. _____ 7. _____   8. _____

9. _____ 10. _____ 11. _____ 12. _____

13.3 项目技能提升

任务 13-4 计算园路工程量

根据给定的特征描述或图纸分别计算三条园路的工作量。

扫码获取资料（13-4 资源）

园路 1：长 100m、宽 1.5m，道路断面图如图所示。

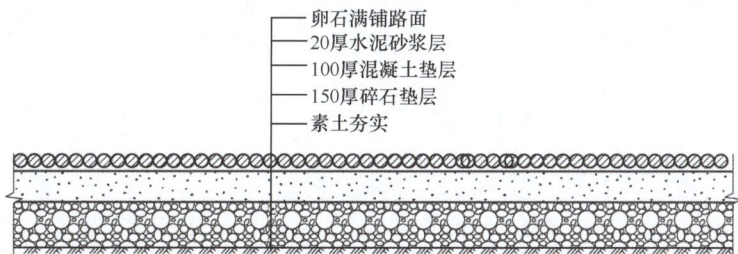

卵石满铺路面
20厚水泥砂浆层
100厚混凝土垫层
150厚碎石垫层
素土夯实

园路 2：方整石板，园路长 120m、宽 1.2m，垫层采用 200mm 厚混凝土垫层。

园路 3：根据下图剖面图，有道牙的园路长为 50m。

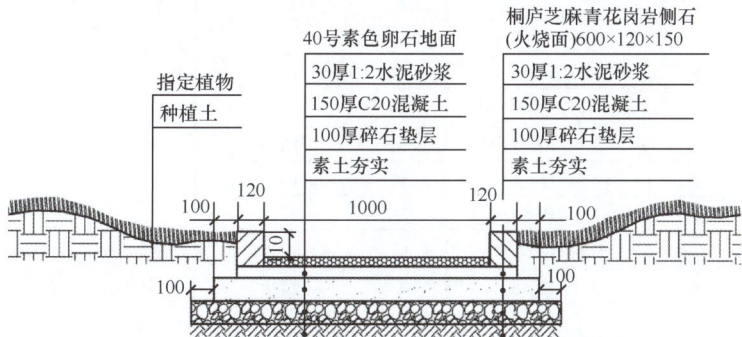

40号素色卵石地面
30厚1:2水泥砂浆
150厚C20混凝土
100厚碎石垫层
素土夯实

桐庐芝麻青花岗岩侧石（火烧面）600×120×150
30厚1:2水泥砂浆
150厚C20混凝土
100厚碎石垫层
素土夯实

指定植物
种植土

1—1(园路)剖面图（材料规格单位均为 mm）

步骤 1：填写园路各个结构、计算式，并在图上标记出外放尺寸。

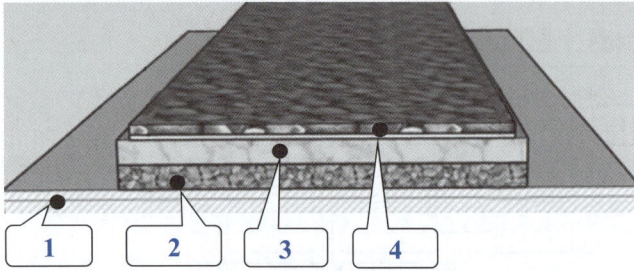

园路 1：无侧石、无尺寸

表单填写区

1. _____
2. _____
3. _____
4. _____
5. 垫层计算规则：_____

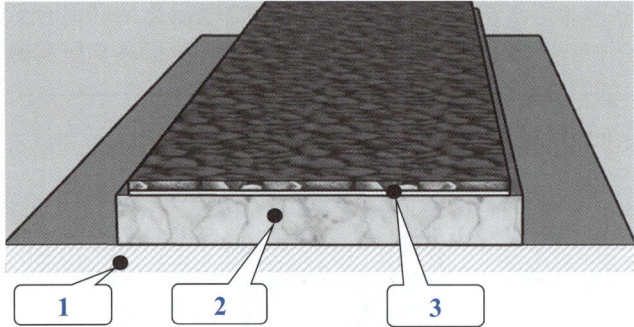

园路 2：无侧石、无图纸

表单填写区

1. _____
2. _____
3. _____
4. 垫层计算规则：_____

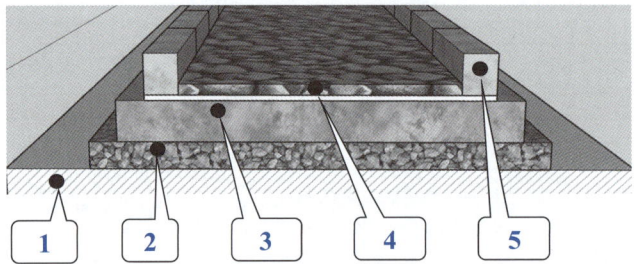

园路 3：有侧石、有图纸

表单填写区

1. _____
2. _____
_____
3. _____
4. _____
5. _____
6. 垫层计算规则：_____

步骤 2：填写表单。

工程量计算表

序号	项目说明	单位	工程数量
	无侧石卵石路		
1	1	2	3
2	4	5	6
3	7	8	9
4	10	11	12
	无侧石方整石板路		
5	13	14	15
6	16	17	18
7	19	20	21
	有侧石卵石路		
8	22	23	24
9	25	26	27
10	28	29	30
11	31	32	33
12	34	35	36

表单填写区

1. _____ 2. _____ 3. _____
4. _____ 5. _____ 6. _____
7. _____ 8. _____ 9. _____
10. _____ 11. _____ 12. _____
13. _____ 14. _____ 15. _____
16. _____ 17. _____ 18. _____
19. _____ 20. _____ 21. _____
22. _____ 23. _____ 24. _____
25. _____ 26. _____ 27. _____
28. _____ 29. _____ 30. _____
31. _____ 32. _____ 33. _____
34. _____ 35. _____ 36. _____

知识链接：庭院常用铺装材料价格比较

铺装，是庭院设计里重要的一环。做好了，铺装会和庭院相映成趣，融洽和谐；反之，则会不伦不类，风格混乱。同时，铺装不是越贵越好，而是在最合适的材料选择下的质量最宜。

（1）混凝土。混凝土铺装造价相对稍微低一些，而且还有铺设方便、可塑性强和持久等优点，非常实用。

（2）防腐木。庭院使用防腐木铺装是比较常见的，防腐木的养护简单，表面也能任意上色、上漆或者是保持木质的本色，给人一种非常温暖的感觉。不过由于防腐木是一种偏天然的材料，造价非常高。

（3）石材。石材这种铺装材料就更常见了。一般的设计多是将石材应用在比较规整的庭院空间中，突显庄严、稳定与大气。石材的价格大部分还是很低的，比如板岩与文化石等，但是也有造价高的种类，比如水洗石。可以根据场地功能与景观意向来进行选择。

（4）砖。用各种砖铺装的庭院也非常多。用砖铺装，施工便捷，而且砖的形式多样，色彩丰富，可以组成很多有趣有新意的图案。有的砖还可以雕刻出各种纹样，具有很好的浮雕效果。砖的价格还是比较高的，但是高的程度不一。

（5）鹅卵石。鹅卵石铺装很自由，经常被用于水边、园路等地方，体现出自然生态的环境氛围。鹅卵石的价格一般是略高一点。

（6）草地及嵌草铺装。这种庭院铺装材料和其他的硬质材料相比，更如柔和、亲切、自然，但是造价也非常高，可以和防腐木铺装相媲美。

任务 13-5   换算园路定额

团队分工，分别完成下面 10 种园路的定额换算。

扫码获取资料（13-5 资源）

勾选自己负责的任务（价格保留小数点后两位）。

1. 园路塘渣垫层，夯实机夯实。　　　　　□

2. 30mm 厚 1∶3 干性水泥砂浆，铺 20mm 冰梅石板路面（密缝 325 块/10m²）。　　　　　□

3. 面层为 4~6cm 粒径的雨花石不拼花（假设雨花石单价为 850 元/t，雨花石比重与卵石相同）。　　□

4. 1∶3 水泥砂浆黏结满铺卵石拼花面。　□

5. 面层为 30mm 厚 1∶2.5 水泥砂浆，铺 4~6cm 粒径的素色卵石面彩边素色。　　　　　□

6. 面层为 30mm 厚 1∶3 水泥砂浆，铺 4~6cm 粒径的素色卵石面彩边素色。　　　　　□

7. 公园内用 1∶2.5 水泥砂浆铺贴 4cm 厚弧花岗岩板地面，花岗岩板损耗率 15%（路宽 1m）。　　　□

8. 1∶3 干硬性水泥砂浆铺 40mm 厚弧形花岗岩机割板路面，面层板损耗为 8%（路宽 2m）。　　　□

9. 10cm×30cm 弧形条石路牙铺筑。　　□

10. 1∶2.5 水泥砂浆铺贴预制异形混凝土路面。　□

提示：定额说明——填写园路部分与该定额相关的说明和计算方法

换算类型——参考"任务 6-4"填写如人工系数、材料价差调整

2010 定额

分部工程名称（章）	分项工程名称（节）	定额编码	目	子目	工程项目名称（目和子目的组合）	计量单位	定额基价（元）	基价换算公式	基价（元）

填写定额说明：

填写换算类型：

2018 定额

分部工程名称（章）	分项工程名称（节）	定额编码	目	子目	工程项目名称（目和子目的组合）	计量单位	定额基价（元）	基价换算公式	基价（元）

填写定额说明：

填写换算类型：

13.4　小结提升——书今之所悟

1. 任选一铺装材料，介绍其特点，并查找近期市场价格。

_____

2. 总结园路部分定额换算的计算要点和易错点。

_____

课后完成**任务清单 3.6 园路工程工程量计算**、**任务清单 3.7 园路工程定额换算**中的表单填写。

13.5　拓展延伸

　　古代时候，匠人地位很低，手艺仅仅是养家糊口的唯一手段。在长达 2500 多年的历史长河中，"香山匠人"是他们的统称。香山帮工匠的集木作、泥水作、砖雕、木雕、石雕、彩绘油漆等多种工艺为一体的技术要求，也使得如何传承这门技艺成为香山帮工匠的难题。

扫码阅读（13.5 拓展延伸）
珍爱远古文化，守护历史文明，传承岁月光辉，构建和谐未来

项目 14　虚拟仿真——训练园路工程计价能力

项目导入

　　成本控制是地产圈老生常谈的话题，也是一个企业是否盈利的基础性动作。尽管设计费在建设工程全过程费用中占比不大，一般只占建设成本的 3%～5%，但对工程造价的影响可达 75% 以上，所以该环节控制要点和控制内容相当复杂。景观成本控制的最佳时期是在景观设计阶段，可以做到事前控制，具有"一锤定音"的地位和作用。

　　园林景观是由硬景与软景组成。其中硬质景观包括建筑物、道路、广场和景观小品等，是利用钢筋、水泥、石头等材质建造而成的基础设施。景观成本中硬质面积小但造价高，一般占整个造价的 50% 左右，因此有效控制成本就必须安排合理的软硬景比例。行业内出于同时兼顾效果与成本的考虑，比较认可的软硬景比例为 7∶3，软硬景比例需要根据项目具体情况区分，比如住宅项目可套用 7∶3 比例，但是对于商业项目，硬景比例会比较多。

　　对于铺地来说，石材所占比率高低决定了硬景成本高低，石材的使用中比较常用的园林景观石材主要有花岗岩、板岩、文化石这几种，而选择不同的石材对于项目的成本也是息息相关。

能力目标和要求

➢　能巩固园路工程中的相关定额规定。
➢　掌握园路无侧石情况下的定额计价方法。
➢　掌握园路有侧石情况下的定额计价方法。

14.1　项目情感准备——古往今来话

　　在建设工程中，设计阶段是控制成本的关键时期。虽然设计费在总成本中所占比例较小，但设计决策会对工程的整体造价产生重大影响。因此，设计阶段有效控制成本至关重要。

根据材料，分析造价与项目设计之间的关系。

扫码获取资料
（14.1 项目情感准备）

　　1. 园路结构中，基层和面层，哪个造价高些？为什么？

　　_____

　　2. 在景观设计中，如何在硬质铺装方面控制造价成本？

　　_____

　　_____

　　_____

知识链接：花岗岩面层质感类型

　　从如今园林的建造铺设看，石材的使用中比较常用的园林景观石材主要有花岗岩、板岩、文化石这几种，而大理石是不能应用到室外的，目前主要还是以花岗岩为主，其耐磨性好、质地坚硬。

　　根据加工工艺不同，花岗岩面层质感常划分为如下几种。

　　（1）磨光面、亚光面。通过研磨抛光将锯好的毛板进行加工，使其厚度、平整度、光泽度达到要求，充分显示花岗岩原有的颜色、花纹和光泽。

（2）火烧面。通过烧毛加工又称喷烧加工，用火焰喷烧使其表面部分颗粒热胀松动脱落，形成起伏有序的粗饰花纹。

（3）手凿面。凿切是传统的方法，通过楔裂、凿打、劈剁、整修、打磨等方法将毛坯制成所需产品，其表面可以是岩礁面、网纹面、锤纹面或斧凿面。

（4）机凿面。将不同质地的石材表面进行拉丝，采用打磨等办法处理成不同的图案花纹，常见机凿面的面层主要有荔枝面和拉丝线面、龙眼面。

（5）自然面。不做特别加工，表面高低悬殊，立体感强。

14.2　项目知识提炼

任务 14-1　整理园路面层变化

铺地是用一种或几种建筑材料对房屋内外的地面进行加工处理，使地面在实用之外更为美观。铺地也分室内和室外，室内铺地主要用以隔潮湿，室外铺地主要用于路面和散水，即是为了防滑，也是为了保护地面、装饰美观。因此，在浙江省 2018 版定额编制时，将园路部分的青砖、卵石部分移入仿古建筑的地面工程中。

对比浙江省 2010 版和 2018 版园林工程预算定额中园路工程部分的变化，找出其页码和定额编号。

扫码视频学习（14-1.mp4）
获取资料（14-1 资源）

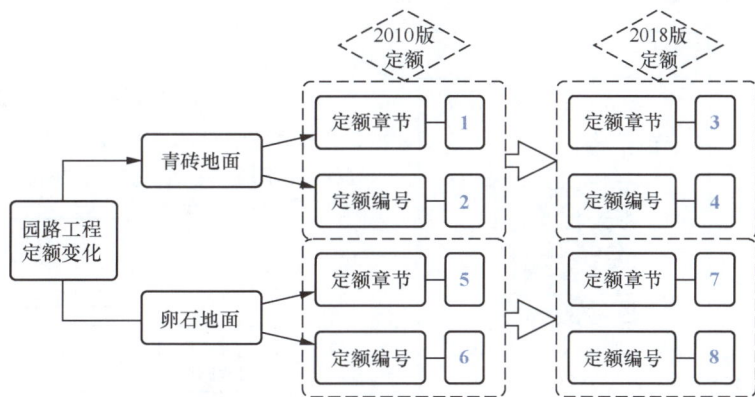

表单填写区

1. _____　2. _____　3. _____　4. _____

5. _____　6. _____　7. _____　8. _____

知识链接：侧石是立着的还是平着铺的

路缘石在道路工程中起着非常重要的作用，它是道路附属设施中必不可少的一部分。路缘石也被称为侧缘石或道牙，进一步细分还有侧石、平石、缘石、立缘石、平道牙等，叫法众多，经常引起计价上的混乱。

平缘石是一种设施，它被安置在道路车辙和路面之间，或者高级路面和低级路面之间，也可以用于不同结构类型的道路接缝处，以及道路交叉口预留区域的沥青路面接头处。它的顶部与地面平齐，方便机动车辆通行。平缘石能够标定路面的范围，保持路面整洁并防止路面边缘受损。平缘石之所以被称为平缘石，是因为它与路面齐平。

立缘石，又被称为侧石，指的是安装在道路两侧、分隔带和安全岛附近的设施。立缘石的高度较路面高，主要用来分隔车行道和人行道、绿化带、分隔带、安全岛等，以确保交通安全并排除雨水。侧石和平石通常一起使用，常常安装在沥青路面的边缘，并称为侧平石。通过外观观察，可以发现侧石的一个显著特点是它高于路面，因此也称作立缘石或者立道牙。而与之相反，平石则被称为平道牙。

路缘石的材料有多种，可以分为不同的类型，例如水泥混凝土的预制品、天然石材的凿制品、砖块砌制品和水泥混凝土现场浇筑品等。从形状来看，这些可以归为两种类型，即直线型和弧线型。

园林定额中的侧石都是按立着铺设进行编制的，如果采用平着铺设，需要对其接触面进行定额的换算。园林中的侧石，具有增强装饰效果、保护石材、增强石材结构稳定性等作用。在实际施工中，是否要放侧石要看砌块拼砌后边缘是否整齐，是否起到加固园路边缘的目的，更重要的是园路两侧是否高出路面。在绿化尚未成型时，须以侧石防止水土冲刷。

14.3 项目技能提升

任务 14-2　计算园路工程造价（无侧石——虚拟仿真）

计算无侧石园路工程定额直接费。

扫码获取资料（14-2 资源）

某乱铺花岗岩板路面，园路长 120m、宽 1.2m，垫层采用 200mm 厚混凝土垫层、基础为人工夯实。试计算其定额直接费。

步骤 1： 填写工序并标明定额编号（采用 2018 版定额）。

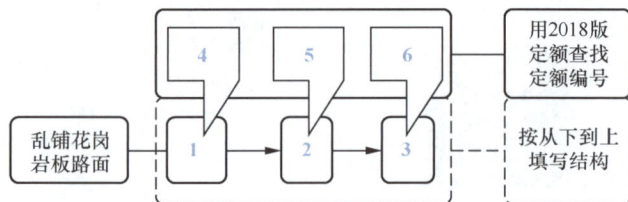

表单填写区

1. _____　2. _____　3. _____　4. _____　5. _____　6. _____

步骤 2： 请进入"园林工程计量与计价虚拟仿真实训软件"。

园林工程计量与计价虚拟仿真实训软件 → 模块一定额计价方式确定园林工程造价 → 任务2 园路工程造价 → 项目1 园路无侧石

项目1 园路无侧石

完成**"项目 1 园路无侧石"**的训练（注：软件按浙江 2018 版定额进行编写）。

步骤 3： 填写表单（采用 2010 版定额计取，结构从下到上顺序）如项目采用 2010 版定额进行计取，填写分部分项工程费计算表。

分部分项工程费计算表

单位（专业）工程名称：园路景观工程　　第 1 页 共 1 页

序号	定额编号	名称及说明	单位	工程数量	工料单价（元）	合价（元）	备注或计算式
1	1	2	3	4	5	6	7
2	8	9	10	11	12	13	14
3	15	16	17	18	19	20	21
本页小计						22	

步骤 4：从人材机的角度分析，以该园路为例，分析 2018 版定额和 2010 版定额之间的变化。

表单填写区

1. _____　2. _____　3. _____

4. _____　5. _____　6. _____

7. 工程量=_____

8. _____　9. _____　10. _____

11. _____　12. _____　13. _____

14. 工程量=_____

15. _____　16. _____　17. _____

18. _____　19. _____　20. _____

21. 工程量=_____　22. _____

任务 14-3　计算园路工程造价（有侧石——虚拟仿真）

计算有侧石园路工程定额直接费。

扫码获取资料（14-3 资源）

根据下图剖面图，有道牙的园路长为 50m。试计算其定额直接费。

40号厚石板冰梅面密缝　　砖路牙铺筑

1:3干硬水泥砂浆　　1:3干硬水泥砂浆
150厚C15混凝土　　150厚C15混凝土
100厚碎石垫层　　100厚碎石垫层
素土夯实　　素土夯实

指定植物
种植土

园路剖面图
SCALE 1:20

步骤 1：填写工序并标明定额编号（采用 2018 版定额）。

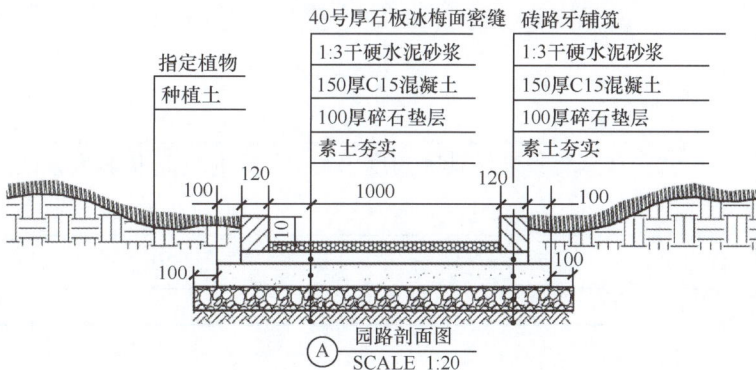

表单填写区

1. _____　2. _____

3. _____　4. _____

5. _____　6. _____

7. _____　8. _____

9. _____　10. _____

步骤 2：请进入"园林工程计量与计价虚拟仿真实训软件"，完成"项目 2 园路有侧石"的训练（注：软件按浙江 2018 版定额进行编写）。

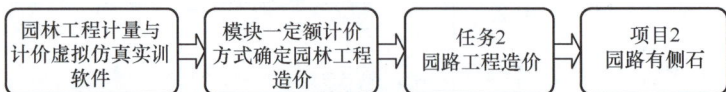

园林工程计量与计价虚拟仿真实训软件 → 模块一定额计价方式确定园林工程造价 → 任务2 园路工程造价 → 项目2 园路有侧石

项目2 园路有侧石

步骤 3：填写及粘贴表单（采用 2018 版定额计取），并填写最后的合计项。

分部分项工程费计算表

单位（专业）工程名称： 园路景观工程　　　　　　第 1 页　　共 1 页

序号	定额编号	名称及说明	单位	工程数量	工料单价（元）	合价（元）
1		拍照粘贴实训成果或拍照提交（项目2）			填写工程量计算式： 1. 整理路床_____	
2					2. 碎石垫层_____	
3					3. 砼垫层_____ 4. 面层_____	
4					5. 侧石_____ 填写侧石换算式：	
5					_____ _____	
合计（需汇总填写）						

14.4　小结与提升——书今之所悟

1. 总结园路定额计价时的注意要点和易错点。

_____

_____

2. 从园林景观设计师角度出发，谈下你对造价和设计的关系的认识或感受。

_____

_____

14.5　拓展延伸

近年来，车辆失控或发生碰撞后驶出路外的交通事故时有发生，而且往往因路侧危险因素加重事故后果。那么路侧究竟存在哪些危险因素？又该如何营造安全的路侧环境呢？

扫码阅读（14.5 拓展延伸）
标准引领、行业服务、改革创新、绿色低碳

项目 15 计算假山工程造价

项目导入

　　山是中国古典园林中的一个重要元素，它在各个时代都扮演着很重要的角色，点缀着、装饰着园林的每一部分。中国园林爱好者对山的向往、对叠山理水的追求，造就了中华园林里的一颗璀璨明珠——假山。

　　在当前小区绿化和公园绿化设计中，假山工程已经成为必不可少的一部分，改善了人们的生活质量。通常来说，假山可以是一个较为独立的绿化景观，在现代绿化工程中被广泛使用，达到了美化环境的良好效果。

　　但到了如今，随着假山堆砌技法几近失传和堆砌假山用的天然石头越来越难以寻觅，以及能够做假山且把假山做得很有韵味的施工队伍越来越少，曾经的经典已经不可能再现。现在，大型公园的中的假山可采用塑石假山技术，而小型的花园往往采用小景石堆砌小假山或用置石的形式表现假山的韵味和效果。

　　假山的价格大概每平方米 100～500 元，具体要根据施工场地和需要做的假山造型而定，结构越复杂价格越高，一般的每平方米 300 元；假山制作需根据假山的长宽高来判断，真石假山一般都是以吨计算价格，而塑石假山一般都是以平方米计算价格，只要知道了假山的长宽高就可以计算出真石假山的吨位和塑石假山的面积。

能力目标和要求

　　课前结合《园林工程计量与计价》教材，预习任务清单 3.8 掌握假山工程工程量及其定额换算的方法。

  ➢ 了解中国假山文化和假山的类型。
  ➢ 能对假山的定额计价规则进行整理分析。
  ➢ 能用定额计价规则对假山进行工程量的计算。
  ➢ 掌握假山工程定额计价的方法。

15.1 项目情感准备——古往今来话

　　掇山叠石是传统园林中阐述山水主题的主要部分，不仅涵盖叠石材料、工程技术、空间体验等物质性层面的内容，同时包含叠石理法、审美意境、文化观念等精神性层面的内容。

借古通今，了解假山文化和施工技术。

扫码获取资料
（15.1 项目情感准备）

　　1. 介绍并绘制名石假山一块，并分享其中的故事。　　2. 整理假山的结构组成（可绘制标注）。

知识链接：为了这一座存世 5 年的假山 宋徽宗断送了北宋 167 年的江山

作为中国历史上最有才华的亡国之君，北宋王朝只是宋徽宗创作瘦金体、花鸟画的书房和画室；艮岳才是他的"天下"，寄托了他的家国梦想，集成了他的书画绝技。

艮岳是世界上第一座由皇帝亲自画图设计、亲自指导施工的皇家园林。为了叠石为山，宋徽宗大兴"花石纲"，大运河上运送江南山石花木的船只络绎不绝。运来的太湖石、灵璧石都被宋徽宗人格化了，他给其中的佼佼者命名，皆题刻石上，视若众臣，有的赐予金带，甚至加封"盘固侯"等爵位。

然而好景不长，艮岳落成仅 5 年，蒙受"靖康之耻"、定都开封 168 年的北宋灭亡。艮岳的太湖石，大多在守城时被砸碎充当炮石，一部分在战后被运往燕京，当时还未来得及送至东京的太湖石被就地遗弃，于是至今北京、山东、江苏、浙江等地园林多有艮岳遗石、花石纲遗物的珍贵景观，几经黄河淹没的开封反倒少有了。艮岳终究取之天下，散之天下，成为古往今来天下人的一桩谈资。

15.2 项目知识提炼

任务 15-1 整理假山类型

假山，作为中国园林中的一项重要元素，其分类方式多样，可以从材料、形态、功能和位置等多个角度进行划分。

整理假山类型，并标注其定额变化。

扫码视频学习（15-1.mp4）

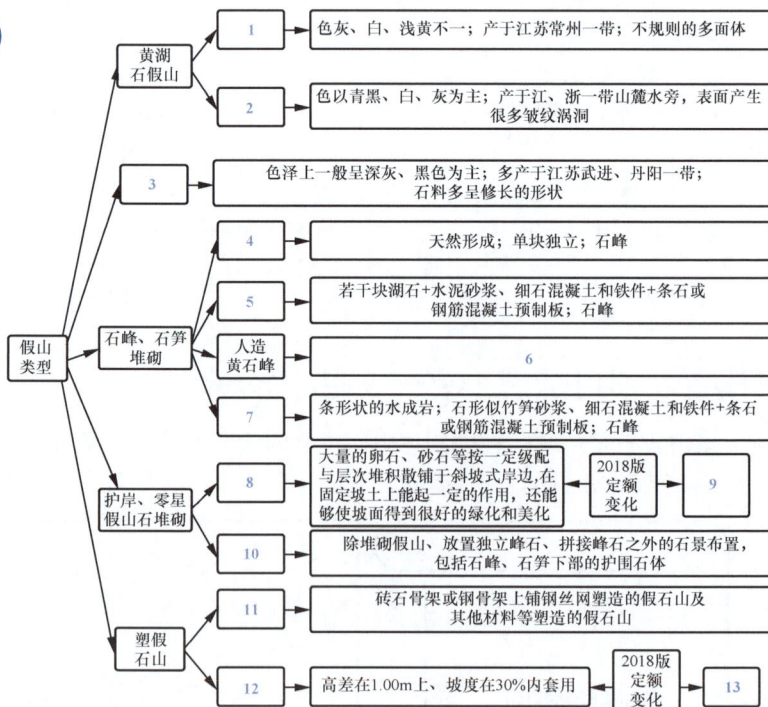

表单填写区

1. _____ 2. _____ 3. _____ 4. _____

5. _____ 6. _____

7. _____ 8. _____ 9. _____

10. _____ 11. _____ 12. _____ 13. _____

任务 15-2　整理假山计算规则

假山工程量的计算通常涉及到石料的重量、假山平面的轮廓面积、假山的高度以及石料的比重等多个参数。具体的计算公式和规则可能因地区和设计要求的不同而有所差异。

整理假山计算规则，并在图上标注记公式中字符代表的位置或意义。

扫码视频学习
（15-2.mp4）
获取资料
（15-2 资源）

假山类型	定额指引	计量单位	工程量计算规则
土山丘	2018 版:坡度 15%以内，机械造型	1	2
石假山	一、堆砌假山 1. 黄石、湖石假山堆砌 湖石假山 黄石假山	3	有进料验收数量：4 无进料验收数量： （1）黄杂石：5 （2）湖石*：6
	一、堆砌假山 1. 黄石、湖石假山堆砌 附壁湖石假山 3. 斧劈石堆砌 斧劈石假山		另行计算
塑假山	一、堆砌假山 2. 塑假石山 砖骨架塑假山 钢骨架塑假山（另计钢骨架制作安装）	7	8
点风景石	一、堆砌假山 4. 石峰、石笋堆砌 整块湖石峰 堆湖石峰 堆黄石峰 5. 布置景石	9	有进料验收数量：10 无进料验收数量：11
	一、堆砌假山 4. 石峰、石笋堆砌 石笋安装	12	/

表单填写区

1. _____ 2. _____ 3. _____

4. _____ 5. _____

6. _____ 7. _____ 8. _____

9. _____ 10. _____

11. _____ 12. _____

15.3 项目技能提升

任务 15-3 计算假山工程量

小游园内有不同规格的土筑假山 2 座、黄石假山 1 座、湖石假山 1 座，同时为了屏蔽配电箱以砖为骨架塑假山 1 座，另有黄腊石点景石 6 块、黄石景石 1 块、石笋 3 根，试求其工程量。详细参数见下表（按表格顺序填写）：

计算某游园内各类假山工程量。

扫码获取资料
（15-3 资源）

假山种类	规格参数
1. 土筑假山	山丘水平投影外接矩形长 8m，宽 5m，假山高 6m
2. 土筑假山	一个高 2m 的土山丘，其平面图如图（以毫升为单位）
3. 黄石假山	具体如图所示，假设黄石假山石料密度为 2.6t/m
4. 湖石假山	进料验收数量 20t，进料剩余数量 1.5t
5. 砖骨架塑假山	高 1.2m，长 0.8m，厚 0.6m
6. 黄腊石点景石	从广西运来黄腊石 6 块共 12t，每块重量都在 5t 以内，分别布置在各景点

续表

假山种类	规格参数
7. 黄石景石	经测量可知：长度方向的平均值为 2m，宽度方向的平均值为 1.5m，具体如图所示 1.65 1.30 0.90 0.40
8. 石笋	高度 3.5m 的 1 根，3m 的 2 根。提示，结合定额填写

工程量计算表

序号	项目说明	单位	工程数量	计算式
1	1	2	3	4
2	5	6	7	8
3	9	10	11	12
4	13	14	15	16
5	17	18	19	20
6	21	22	23	/
7	24	25	26	27
8	28	29	30	/
9	31	32	33	/

表单填写区

1. ＿＿＿＿＿＿＿＿
2. ＿＿＿＿　3. ＿＿＿＿
4. ＿＿＿＿＿＿＿＿
5. ＿＿＿＿＿＿＿＿
6. ＿＿＿＿　7. ＿＿＿＿
8. ＿＿＿＿＿＿＿＿
9. ＿＿＿＿＿＿＿＿
10. ＿＿＿＿　11. ＿＿＿＿
12. ＿＿＿＿＿＿＿＿
＿＿＿＿＿＿＿＿
13. ＿＿＿＿＿＿＿＿
14. ＿＿＿＿　15. ＿＿＿＿
16. ＿＿＿＿＿＿＿＿
17. ＿＿＿＿＿＿＿＿
18. ＿＿＿＿　19. ＿＿＿＿
20. ＿＿＿＿
21. ＿＿＿＿＿＿＿＿
22. ＿＿＿＿　23. ＿＿＿＿
24. ＿＿＿＿＿＿＿＿
25. ＿＿＿＿　26. ＿＿＿＿
27. ＿＿＿＿＿＿＿＿
28 ＿＿＿＿＿＿＿＿
29. ＿＿＿＿　30. ＿＿＿＿
31. ＿＿＿＿＿＿＿＿
32. ＿＿＿＿　33. ＿＿＿＿

任务 15-4　计算假山工程造价（虚拟仿真）

某公园有假山三项，试计算其定额直接费，基础工程均不计：

（1）黄石假山一座，假设黄石假山石料比重为 2.6t/m³，尺寸如图 1 所示。

（2）为了屏蔽配电箱以砖为骨架塑了一块高 1.2m、长 0.8m、厚 0.6m 的假山石一座。

（3）人工堆筑了湖石峰一座，经测量可知：长度方向的平均值为 3m，宽度方向的平均值为 2m，假设湖石假山石料比重为 2.2t/m³，尺寸如图 2 所示。

某公园有假山三项，试计算其定额直接费。（采用 2018 版定额）

扫码获取资料（15-4 资源）

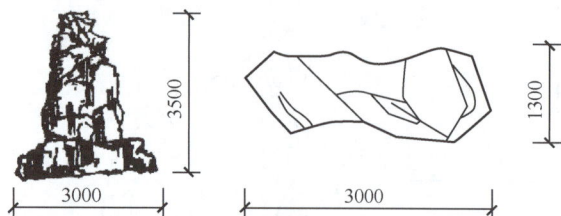

图 1　黄石假山尺寸图

图 2　湖石峰尺寸图

步骤 1：进入"园林工程计量与计价虚拟仿真实训软件"。完成"任务 3 假山工程造价"中的所有训练（注：软件按浙江 2018 版定额进行编写）

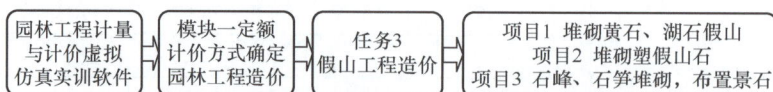

步骤 2：填写及粘贴表单（采用 2018 版定额计取），并填写最后的合计项。

分部分项工程费计算表

单位（专业）工程名称：树木迁移种植工程　　　　　　　　　　　　　　　　　第 1 页　　共 1 页

序号	定额编号	名称及说明	单位	工程数量	工料单价（元）	合价（元）
1	拍照粘贴实训成果或拍照提交（项目 1）				填写工程量计算式 记录合价：	
2	拍照粘贴实训成果或拍照提交（项目 2）				填写工程量计算式 记录合价：	
3	拍照粘贴实训成果或拍照提交（项目 3）				填写工程量计算式 记录合价：	
合计（需汇总填写）						

步骤 3：填写表单（采用 2010 版定额计取，按顺序填写）。

如项目采用 2010 版定额进行计取，填写分部分项工程费计算表。

分部分项工程费计算表

单位（专业）工程名称：园林假山工程　　第 1 页 共 1 页

序号	定额编号	名称及说明	单位	工程数量	工料单价（元）	合价（元）	备注或计算式
1	1	2	3	4	5	6	/
2	7	8	9	10	11	12	/
3	13	14	15	16	17	18	/
本页小计						19	

表单填写区

1. ____ 2. ____ 3. ____
4. ____ 5. ____ 6. ____
7. ____ 8. ____
9. ____ 10. ____ 11. ____
12. ____ 13. ____ 14. ____
15. ____ 16. ____
17. ____ 18. ____ 19. ____

步骤 4：从人材机的角度分析，以该假山为例，分析 2018 版定额和 2010 版定额之间的变化。

_____
_____
_____
_____

15.4　小结与提升——书今之所悟

1. 总结假山定额计价时的注意要点和易错点。

_____
_____

2. 查找分享假山施工新技术。

_____
_____

课后完成任务清单 3.8 掌握假山工程工程量及其定额换算的方法中的表单填写。

15.5　拓展延伸

面对环境污染和物种灭绝等严重的生态危机，人们开始重视对自然环境的保护和修复。矿山的开采和企业的废弃留给我们当下一个巨大的问题，大量的废弃矿山或者提炼厂就像一颗瘤子般残留在城市周边。

废弃矿山在经过恰当的修复后，可变成为具有丰富生态环境和园林价值的城市景观。其中，假山造景则是一种常见的技术，能够将不规则山体变成具有观赏性的景观空间。

扫码阅读（15.5 拓展延伸）标准引领、行业服务、改革创新、绿化低碳

课堂笔记

学习情境四

综合单价法计价

项目 16　编制绿化工程工程量清单

项目导入

工程量清单编制及工程量清单计价是依据《建设工程工程量清单计价规范（标准）》的要求进行工程计价的一种计价方式。工程量是编制工程量清单和进行工程计价的基础数据，同时也是工程计价中最烦琐、最细致的工作。工程量的计算工作占整个工程计价工作量的 80% 以上，而且工程量计算项目是否齐全、结果准确与否，都直接影响着工程计价和工程量清单编制的质量和进度。

工程量清单报价相对于定额计价而言更简洁直观，更符合市场需求。目前建筑市场上，工程量清单报价方式的招投标最常见。发包人与承包人在签订建设工程施工合同时，通常会附一份详细的、编制好的工程量清单。但由于多方面的原因，投标人或者施工合同中的工程量清单常常出现漏项、少算等情况，最终导致发包人与承包人之间出现较大争议。因此，必须防微杜渐，降低工程量清单漏项漏量风险。

能力目标和要求

课前结合《园林工程计量与计价》教材，预习任务清单 4.1 学习工程量清单计价规范、任务清单 4.2 绿化工程工程量清单编制（步骤 1）。

➢　了解《建设工程工程量清单计价规范（标准）》的内容和要求。

➢　掌握工程量与工程计量、工程量清单与工程量清单计价、工程量清单计价与预算定额计价、工程量清单的组成等相关概念的区别与联系，并能对其使用要点进行分析整理。

➢　了解《绿化清单计算规范（标准）》中种植部分的内容，能对绿化种植工程量清单进行编制。

16.1　项目情感准备——古往今来话

建设工程工程量清单计价规范（标准）是一种针对建设工程项目编制和计价的标准化文件，旨在规范工程造价计价行为，统一工程量清单的编制和计价方法。它包含了工程量清单的编制、计价、以及与工程量清单相关的工程造价管理等多个方面的内容。

整理《建设工程工程量清单计价规范》的主要内容。

扫码获取资料
（16.1 项目情感准备）

1. 整理《建设工程工程量清单计价标准》（GB/T 50500—2024）的目录。

_____

_____

_____

_____

_____

2. 查找《建设工程工程量清单计价标准》（2024 版）制定的背景。

_____

_____

_____

16.2　项目知识提炼

任务 16-1　整理工程量与工程计量相关概念

工程量是一个相对抽象的概念，它可以是完成的工程实体数量，也可以是按照设计要求完成的工程实体；工程计量更偏向于在某一特定时间点完成的工程量或价值量，通常涉及到工程计价的环节。

整理工程量与工程计量相关概念和使用要点。

扫码视频学习（16-1.mp4）
获取资料（16-1 资源）

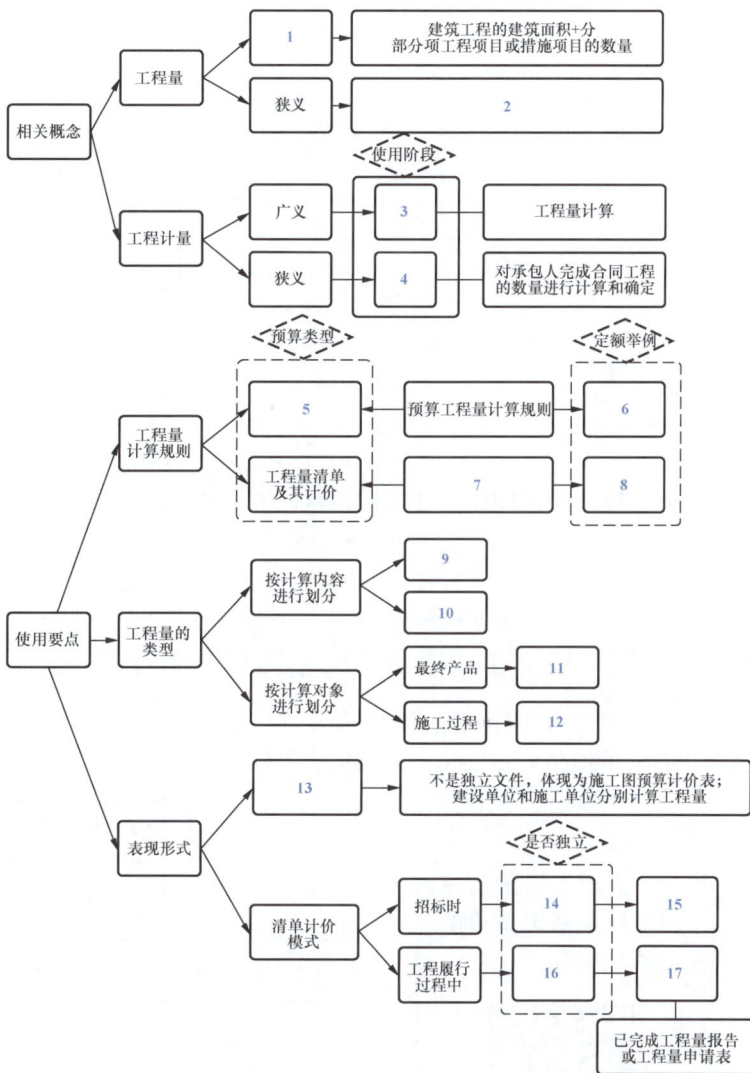

表单填写区 1

1. _____　2. _____　3. _____
4. _____　5. _____　6. _____　
7. _____　8. _____　9. _____
10. _____　11. _____　12. _____　13. _____
14. _____　15. _____　16. _____　17. _____

表 4-30　　分部分项工程量清单与计价表（景观部分）

单位及专业工程名称：××公园绿化景观工程——园林景观工程　　　　　第 页 共 页

序号	项目编码	项目名称	项目特征	计量单位	工程量	综合单价（元）	合价（元）	其中（元） 人工费	其中（元） 机械费	备注
		0502 园路、园桥工程								
1	050201001001	园路	（1）园路土基整理路床。（2）100 厚碎石垫层。（3）100 厚 C10 素混凝土。（4）20 厚菠萝格地板，60×60 菠萝格木龙骨间距 600	m²	30.00					

表 4-27　　施工技术措施项目清单与计价表（绿化部分）

单位及专业工程名称：××公园绿化景观工程——园林绿化工程　　　　　第 页 共 页

序号	项目编码	项目名称	项目特征	计量单位	工程量	综合单价（元）	合价（元）	其中（元） 人工费	其中（元） 机械费	备注
		0504 措施项目								
1	050403001001	树木 支撑架	支撑类型、材质；四脚支撑树棍桩	株	84					
2	050403002001	草绳 绕树干	（1）胸径（干径）：10cm 以内。（2）草绳所绕树干高度：1m	株	83	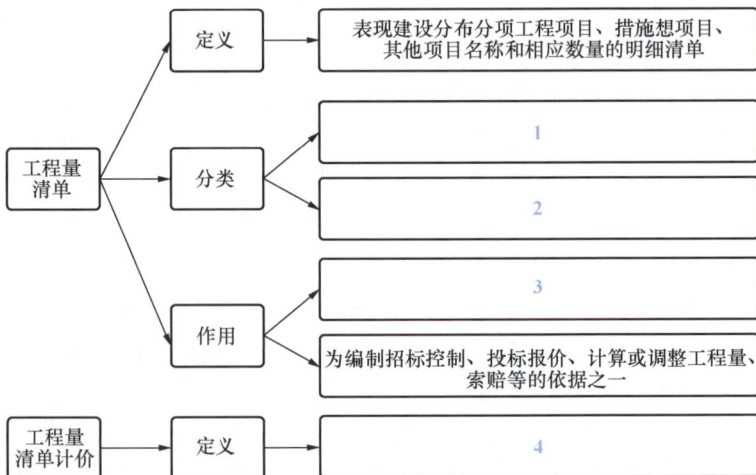				

表 5-9　　工程量清单综合单价计算表

单位及专业工程名称：××公园绿化景观工程——园林绿化工程

序号	编码	名称	计量单位	数量	综合单价（元） 人工费	材料费	机械费	管理费	利润	风险费用	小计	合计（元）
		0501 绿化工程										
1	050101010001	整理绿化用地 土壤类别，二类土	m²	495	2.40			0.38	0.17		2.95	1460
	1-210	绿地平整	10m²	49.5	24.00			3.76	1.68		29.44	1457
2	050102001001	栽植乔木 种类：乔木 胸径或干径：10cm 养护期：一年	株	4	53.72	164.56	22.14	12.79	5.69		258.90	1036
	1-58	栽植乔木 土球直径：80cm 以内	10 株	6.4	332.64			86.60	38.57		2253.85	902
	主材	香樟	株	10.1		160.00					160.00	1616
	1-240	常绿乔木养护 胸径：10cm 以内	10 株	6.4	204.56	25.12	45.78	41.26	18.37		335.09	134

表 5-13　　措施项目清单综合单价计算表

单位及专业工程名称：××公园绿化景观工程——园林绿化工程　　　　　第 1 页 共 1 页

序号	编码	名称	计量单位	数量	综合单价（元） 人工	机械费	管理费	利润	风险费用	小计	合计（元）
		0504 措施项目									
1	050403001001	树木支撑架 支撑类型、材质；四脚支撑树棍桩	株	84	3.43	28.48		0.54	0.24	32.69	2746
	1-190	支撑树棍桩、四脚桩	10 株	8.4	34.27	284.8		5.37	2.39	326.83	2745
		······									
		合计									3033

（综合单价表中的气泡标注：20、21、22、23）

表单填写区 2

分别按工程量的计算内容、计算对象进行划分，标注上图气泡中所指的工程的类型：

18. _____　　19. _____　　20. _____

21. _____　　22. _____　　23. _____

任务 16-2　明晰工程量清单与工程量清单计价

　　工程量清单是招标人提供的量值清单，而工程量清单计价一般则是在此基础上投标人根据自身情况进行的价值估算，反映了市场化的工程造价。

整理工程量清单与工程量清单计价的关系。

扫码视频学习（16-2.mp4）
获取资料（16-2 资源）

工程量清单 → 定义 → 表现建设分布分项工程项目、措施想项目、其他项目名称和相应数量的明细清单

工程量清单 → 分类 → 1

工程量清单 → 分类 → 2

工程量清单 → 作用 → 3

工程量清单 → 作用 → 为编制招标控制、投标报价、计算或调整工程量、索赔等的依据之一

工程量清单计价 → 定义 → 4

表单填写区

1. _____　　2. _____　　3. _____

4. _____

任务 16-3　整理清单计价与定额计价的关系

尽管清单计价与定额计价在形式和运作机制上存在差异，但它们之间也有联系。清单计价本质上是对定额计价的一种深化和发展，是对传统定额计价模式的一种改革。

理清清单计价与定额计价的关系、在工程费用组成中的区别以及在应用方面的区别与联系。

扫二维码，学知识提炼

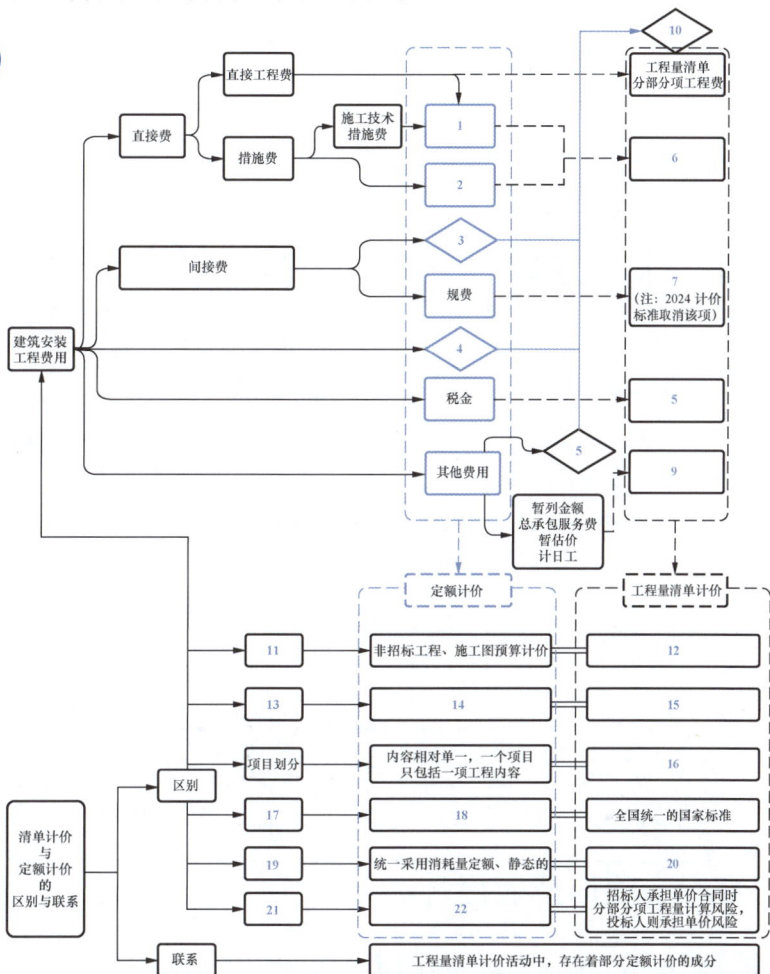

表单填写区

1. _____ 2. _____ 3. _____ 4. _____

5. _____ 6. _____ 7. _____ 8. _____ 9. _____

10. _____ 11. _____ 12. _____ 13. _____

14. _____ 15. _____ 16. _____

17. _____ 18. _____

19. _____ 20. _____ 21. _____

22. _____

任务 16-4　整理工程量清单构成

工程量清单是工程造价管理中的核心文件，它详细列出了工程项目所需的材料、设备、劳务和其他费用的数量、规格、单价以及总价。这份清单用于投标报价和中标后计算工程价款的依据，同时也是工程付款和结算、调整工程量、进行工程索赔的重要依据。

根据计价规范及
地区计价规则的要求
进行工程量清单构成
内容。

扫二维码，学知识提炼

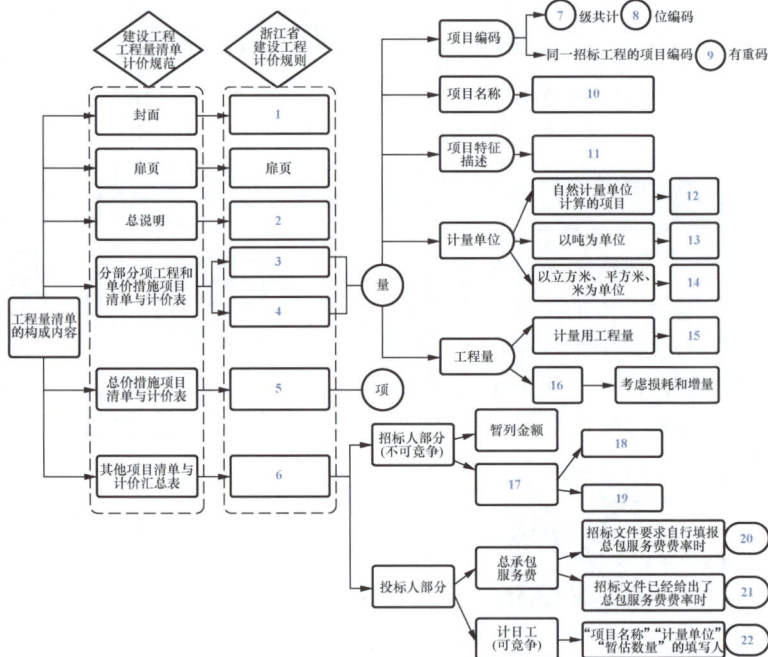

表单填写区

1. _____ 2. _____ 3. _____ 4. _____

5. _____ 6. _____ 7. ____ 8. ____

9. _____ 10. _____ 11. _____ 12. _____

13. _____ 14. _____ 15. _____ 16. _____

17. _____ 18. _____ 19. _____ 20. ____ 21. ____ 22. ____

16.3 项目技能提升

任务 16-5 编制绿化种植工程量清单

右图为一个游园局部绿化示意图，共有 6 种植物，在图中已有标注，苗木养护一年。其中水蜡绿篱共 3 排，弧长如图中标记所示，宽度均为 400mm，其中钢竹按 2 株/m² 计算，胸径 10cm，求绿化种植工程量（三类土）。

用工程量清单计价规则对园林种植工程量进行计算。

扫码获取资料（16-5 资源）

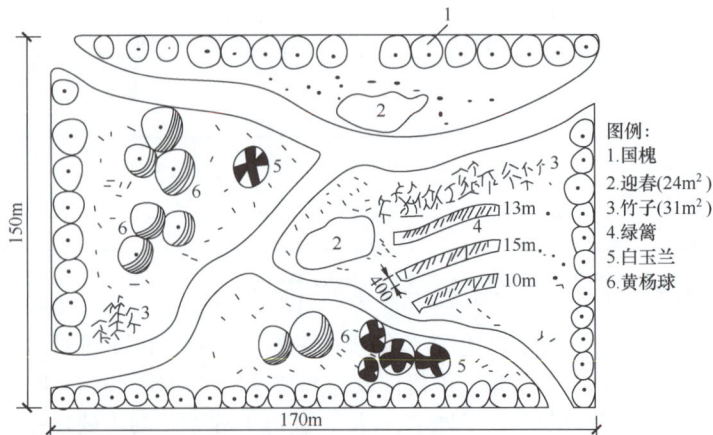

图例：
1. 国槐
2. 迎春(24m²)
3. 竹子(31m²)
4. 绿篱
5. 白玉兰
6. 黄杨球

步骤 1：填写计算流程。

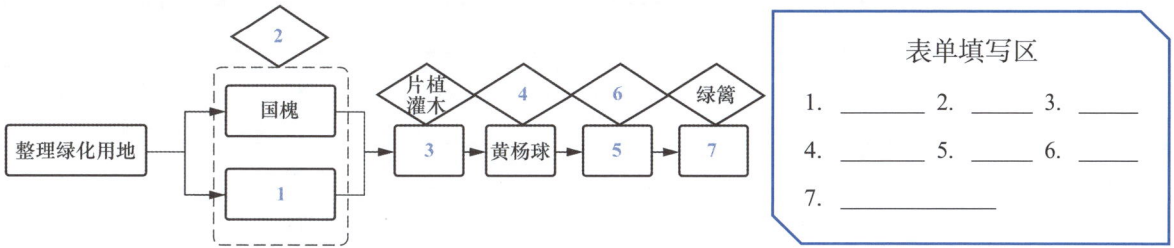

表单填写区

1. _____ 2. _____ 3. _____

4. _____ 5. _____ 6. _____

7. _____

步骤 2：根据图纸整理苗木表。

植物名称及数量统计表

序号	植物名称	规格（cm）			单位	数量	备注	苗木类型—项目名称（依据 GB 50858—2013 计算规范填写）
		胸径	冠幅/蓬径	高度				
1	国槐	12～14	250	300	**1**	**2**		例：栽植乔木
2	白玉兰	10～12	300	400	**3**	**4**		**5**
3	迎春		35	40	**6**	**7**	16 株/m²	**8**
4	黄杨球		45	55	**9**	**10**		**11**
5	钢竹	杆径 10			**12**	**13**	2 株/m²	**14**
6	水蜡绿篱		40	60	m	**15**	单行种植	**16**

表单填写区

1. _____ 2. _____ 3. _____

4. _____ 5. _____

6. _____ 7. _____ 8. _____

9. _____ 10. _____

11. _____ 12. _____ 13. _____

14. _____ 15. _____

16. _____

步骤 3：填写清单工程量计算书。

序号	项目编码	项目名称（备注）	单位	工程量
1	050101010001	**1**	**2**	**3**
	例：按设计图示尺寸以面积计算　　150×170=25500（此处列出计算规则及计算式）			
2	**4**	栽植乔木（国槐）	**5**	**6**
	例：国槐按图示数量计算			
3	**7**	**8**	**9**	**10**
		11		
4	**12**	**13**	**14**	**15**
		16		
5	**17**	**18**	**19**	**20**
		21		
6	**22**	**23**	**24**	**25**
		26		
7	**27**	**28**	**29**	**30**
		31		

表单填写区

1. _____ 2. _____ 3. _____ 4. _____ 5. _____
6. _____ 7. _____ 8. _____ 9. _____ 10. _____
11. _____ 12. _____ 13. _____ 14. _____ 15. _____
16. _____ 17. _____ 18. _____ 19. _____ 20. _____
21. _____ 22. _____ 23. _____ 24. _____ 25. _____
26. _____ 27. _____ 28. _____ 29. _____
30. _____ 31. _____

步骤 4: 填写工程量清单表（注意小数点位数保留）。

分部分项工程量清单与计价表

序号	项目编码	项目名称	项目特征描述	计量单位	工程量
1	1	2	3	4	5
2	6	7	8	9	10
3	11	12	13	14	15
4	16	17	18	19	20
5	21	22	23	24	25
6	26	27	28	29	30
7	31	32	33	34	35

表单填写区

1. _____ 2. _____ 3. _____ 4. _____ 5. _____ 6. _____
7. _____ 8. _____ 9. _____ 10. _____
11. _____ 12. _____ 13. _____
14. _____ 15. _____ 16. _____ 17. _____
18. _____ 19. _____ 20. _____
21. _____ 22. _____ 23. _____
24. _____ 25. _____ 26. _____ 27. _____ 28. _____
29. _____ 30. _____ 31. _____ 32. _____ 33. _____
_____ 34. _____ 35. _____

　　步骤 4: 若采用 2024 版计算标准，请列出与 2013 版存在差异的植物名称及 2024 版的项目名称。

_____

_____

16.4　小结与提升——书今之所悟

1. 以某类花木种植为例，整理 2024 版计算标准的新要求和变化。

_____

_____

2. 举例分析苗木种植时，清单工程量计算时与定额工程量清单计算时的不同之处。

_____

_____

课后完成任务清单 4.1 学习工程量清单计价规范、任务清单 4.2 绿化工程工程量清单编制（步骤 1）中的表单填写。

16.5　拓展延伸

清单和定额你分得清吗？你都是怎么填写的？

有人说他和人家套的定额一样，清单的工程量也一样，为什么价格差那么多？打开清单一看，他的定额工程量全部都是按照清单量考虑的。

清单是全国统一的计算规则，而定额是不同省份的计算规则。两者的计算规则不全是一样的，个别情况下需要分开考虑。

扫码阅读（16.5 拓展延伸）
标准引领、行业服务、改革创新、绿色低碳

项目 17　虚拟仿真——训练园林绿化工程工程量清单编制技能

项目导入

2010 年 12 月，广州某公司与某中学采取工程量清单报价方式，签订了《广东省建设工程标准施工合同》及《补充合同》，载明合同总价 4818 万元，采取总包干价格，并约定锁定包干价，不因市场价格调整而调整，不因投标时工程量清单漏项少算多算而调整。2011 年，该建筑公司提交竣工结算，结算总价 7300 万元；该中学回复律师函，表示双方合同约定锁定的包干价，并且已经支付 5100 万元，已经全额支付；该建筑公司提起诉讼，申请对工程量清单和施工图对比的漏项工程进行鉴定。经鉴定，施工图所包含的工程造价为 7200 万元，与招标时的工程量清单 4650 万元差异部分的工程造价在 2500 多万元。因此，由于工程量清单漏项少算多算会给工程项目造成不必要的纠纷。

能力目标和要求

课前结合《园林工程计量与计价》教材，预习任务清单 4.2 绿化工程工程量清单编制（2）、任务清单 4.3 绿化工程工程量清单综合实训。

➢ 了解《园林绿化工程工程量计算规范》的内容排版，并掌握其使用方法。
➢ 园林绿化工程工程量计算规范解读，掌握综合性绿化工程的种植工程量清单编制方法。
➢ 掌握整理场地工程量清单的编制方法。

17.1　项目情感准备——古往今来话

工程量清单是工程造价管理的核心依据，其准确性和完整性对于整个工程项目的经济效益至关重要。然而，在实际操作过程中，由于种种原因，工程量清单编制可能会出现遗漏或错误，这些问题对工程造价的影响不容忽视。

整理工程量清单编制时的问题与对策。

扫码获取资料
（17.1 项目情感准备）

1. 整理更多的工程量清单编制时可能出现的问题。

_____

_____

_____

_____

2. 查找关于解决清单编制时的问题的对策。

_____

_____

_____

_____

17.2   项目知识提炼

任务 17-1   解读园林绿化工程工程量计算规范

　　《园林绿化工程工程量计算规范（标准）》是为规范建设工程的工程计量行为，统一园林绿化工程工程量计算规则、工程量清单的编制方法而制定的，它确保了工程计量和工程量清单编制的准确性和一致性。该规范共有五部分，分别为总则、术语、工程计量、工程量清单编制和附录。其中，附录包含了绿化工程、园路、园桥、假山工程和园林景观工程等具体的工程量计算规则和项目设置。

根据《园林绿化工程工程量计算规范》整理其附录部分的内容。并根据 2024 计算标准整理新增和变化的清单项。

扫码视频学习（17-1.mp4）
获取资料（17-1 资源）

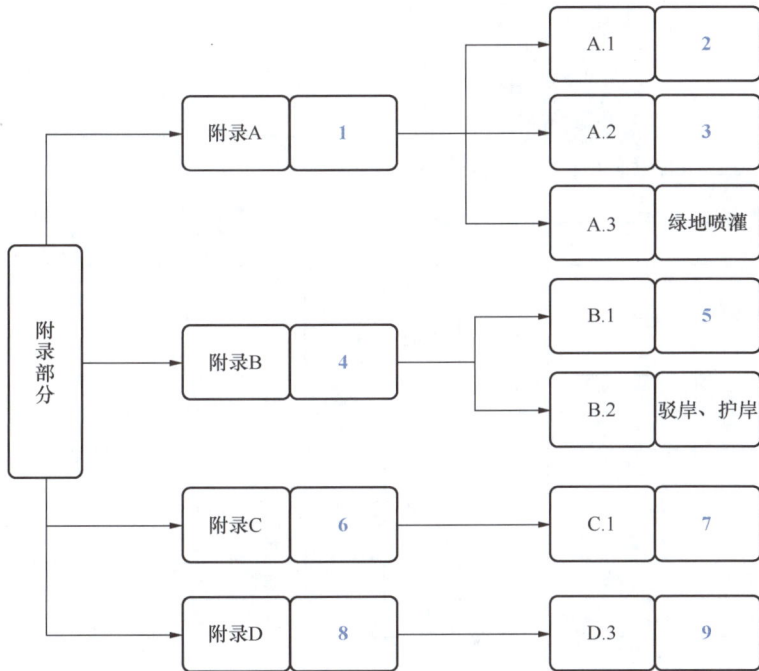

附录部分 → 附录A [1] → A.1 [2]、A.2 [3]、A.3 绿地喷灌
附录部分 → 附录B [4] → B.1 [5]、B.2 驳岸、护岸
附录部分 → 附录C [6] → C.1 [7]
附录部分 → 附录D [8] → D.3 [9]

表单填写区

1. ＿＿＿＿＿＿　2. ＿＿＿＿＿＿　3. ＿＿＿＿＿＿　4. ＿＿＿＿＿＿　5. ＿＿＿＿＿＿

6. ＿＿＿＿＿＿　7. ＿＿＿＿＿＿　8. ＿＿＿＿＿＿　9. ＿＿＿＿＿＿

10. 2024 标准在绿化工程专业工程中新增了哪项分部工程？而在 2013 规范中如何体现移栽工程？

＿＿

11. 2024 标准在绿化和园路园桥专业工程中的哪项分部工程的名称发生了变化？并标明其变化。

＿＿

12. 2024 标准中的栽植移植中的苗木养护与措施项目中的植物养护有何不同？

＿＿

17.3   项目技能提升

任务 17-2   编制种植工程量清单（虚拟仿真）

　　某大学园林技能实训场地"匠心筑梦园"园林绿化工程。绿地面积为 240m²，场地土质为三类土，绿地平整厚度在30cm以内，场内无垃圾，无需处理。苗木要求带土球种植，养护期为一年。苗木除华棕外均为外购。

步骤1： 在植物名称及数量统计表中填写苗木类型。

编制"匠心筑梦园"中的绿化种植工程工程量清单。

扫码获取资料（17-2 资源）

表单填写区

1. _____ 2. _____ 3. _____
4. _____ 5. _____ 6. _____
7. _____ 8. _____ 9. _____
10. _____ 11. _____

植物名称及数量统计表

序号	植物名称	规格（cm）			单位	数量	备注	苗木类型—项目名称（依据 GB 50858—2013 计算规范填写）
		胸径	冠幅	高度				
1	鹅掌楸	12～16	300	500	株	8		例：栽植乔木
2	桂花		300	400	株	6		1
3	红枫	d6			株	7		2
4	红花继木球		120	100	株	13		3
5	钢竹	杆径 5			m²	25	5 株/平方米	4
6	华棕	d15		500	株	3	原有植物移栽	5
7	金森女贞绿篱		50	60	m	26	单行种植，5 株/m	6
8	凌霄	d2			株	6	三年生 3 株/m²	7
9	小叶栀子		35	40	m²	24	16 株/m²	8
10	万寿菊			20	m²	20	12 株/m²	9
11	美人蕉			50	m²	35	水生栽植，10 丛/m²，水深 60cm	10
12	百慕大草皮				m²	110	满铺	11

步骤2： 填写清单工程量计算书。

序号	项目编码	项目名称（备注）	单位	工程量	序号	项目编码	项目名称（备注）	单位	工程量
1	1	2	3	4	8	36	37	38	39
	5（此处列出计算规则及计算式，下同）					40			
2	6	7	8	9	9	41	42	43	44
	10					45			
3	11	12	13	14	10	46	47	48	49
	15					50			
4	16	17	18	19	11	51	52	53	54
	20					55			
5	21	22	23	24	12	56	57	58	59
	25					60			
6	26	27	28	29	13	61	62	63	64
	30					65			
7	31	32	33	34					
	35								

表单填写区

1. _____ 2. _____ 3. _____ 4. _____ 5. _____
6. _____ 7. _____ 8. _____ 9. _____ 10. _____
11. _____ 12. _____ 13. _____ 14. _____ 15. _____
16. _____ 17. _____ 18. _____ 19. _____ 20. _____
21. _____ 22. _____ 23. _____ 24. _____ 25. _____
26. _____ 27. _____ 28. _____ 29. _____ 30. _____
31. _____ 32. _____ 33. _____ 34. _____ 35. _____
36. _____ 37. _____ 38. _____ 39. _____ 40. _____
41. _____ 42. _____ 43. _____ 44. _____ 45. _____
46. _____ 47. _____ 48. _____ 49. _____ 50. _____
51. _____ 52. _____ 53. _____ 54. _____ 55. _____
56. _____ 57. _____ 58. _____ 59. _____ 60. _____
61. _____ 62. _____ 63. _____ 64. _____ 65. _____

步骤 3：请进入"园林工程计量与计价虚拟仿真实训软件"，完成"项目 2 栽植花木"的训练（注：软件按 GB 50858—2013 进行编写）。

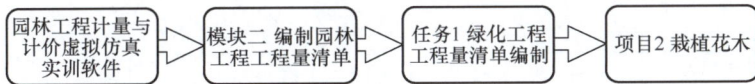

园林工程计量与计价虚拟仿真实训软件 → 模块二 编制园林工程工程量清单 → 任务1 绿化工程工程量清单编制 → 项目2 栽植花木

项目2 栽植花木

步骤 4：填写及粘贴表单。

分部分项工程量清单与计价表

序号	项目编码	项目名称	项目特征描述	计量单位	工程量
1	拍照粘贴实训成果或拍照提交（项目2）			填写软件提示中的错误点	
2					
⋮					
12					
13					

步骤 5：采用 2024 版计算标准，请列出与 2013 版存在差异的植物名称及 2024 版的项目名称。

_____
_____
_____

任务 17-3　编制绿地整理工程量清单（虚拟仿真）

编制绿地整理工程量清单。

扫码获取资料（17-3 资源）

某地为了扩建需要，需将绿地上的植物进行清理，试进行清单工程量的计算。要去除的植物如下：

（1）银杏（树干胸径均在 30cm 以内），5 株。
（2）五角枫（树干胸径均在 30cm 以内），7 株。
（3）紫叶小檗（丛高 1.6m、480 株）。
（4）大叶黄杨（丛高 2.5m、360 株）。
（5）竹林（竹林 160 丛、根直径 10cm）。
（6）芦苇根：挖掘、清除 8m²、丛高 1.8m。
（7）果岭草（30m²）。
（8）白三叶（110m²、丛高 0.6m）。

步骤 1：填写计算工序。

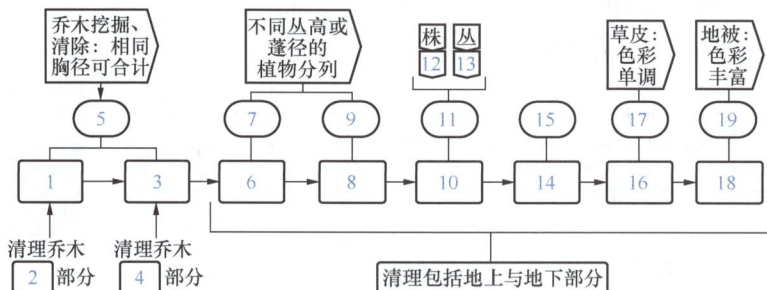

表单填写区

1. _____ 2. _____ 3. _____ 4. _____ 5. _____
6. _____ 7. _____ 8. _____ 9. _____ 10. _____
11. _____ 12. _____ 13. _____ 14. _____
15. _____ 16. _____ 17. _____ 18. _____ 19. _____

步骤 2：填写清单工程量计算书。

序号	项目编码	项目名称（备注）	单位	工程量	序号	项目编码	项目名称（备注）	单位	工程量
1	1	2	3	4	5	21	22	23	24
	5（此处列出计算规则及计算式，下同）					25			
2	6	7	8	9	6	26	27	28	29
	10					30			
3	11	12	13	14	7	31	32	33	34
	15					35			
4	16	17	18	19	8	36	37	38	39
	20					40			

表单填写区

1. _____ 2. _____ 3. _____ 4. _____ 5. _____
6. _____ 7. _____ 8. _____ 9. _____ 10. _____
11. _____ 12. _____ 13. _____ 14. _____ 15. _____
16. _____ 17. _____ 18. _____ 19. _____ 20. _____
21. _____ 22. _____ 23. _____ 24. _____ 25. _____
26. _____ 27. _____ 28. _____ 29. _____ 30. _____
31. _____ 32. _____ 33. _____ 34. _____ 35. _____
36. _____ 37. _____ 38. _____ 39. _____ 40. _____

步骤 3：请进入"园林工程计量与计价虚拟仿真实训软件"，完成"项目 1 绿地整理"的训练（注：软件按 GB 50858—2013 进行编写）。

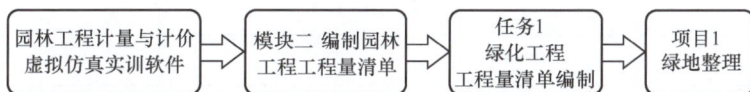

园林工程计量与计价虚拟仿真实训软件 → 模块二 编制园林工程工程量清单 → 任务1 绿化工程工程量清单编制 → 项目1 绿地整理

项目1 绿地整理

步骤 4：填写及粘贴表单。

分部分项工程量清单与计价表

序号	项目编码	项目名称	项目特征描述	计量单位	工程量
1	拍照粘贴实训成果或拍照提交（项目1）			填写软件提示中的错误点	
2					
⋮					
7					
8					

步骤 5: 采用 2024 版计算标准,需注意哪些变化?列出新标准下的清单项目编码和名称。

17.4 小结与提升——书今之所悟

1. 总结绿化工程专业工程工程量清单计算时的注意要点和易错点。

2. 查找绿地整理部分的清单对应的定额编码。

课后完成**任务清单 4.2 绿化工程工程量清单编制**、**任务清单 4.3 绿化工程工程量清单综合实训**中的表单填写。

17.5 拓展延伸

原有场地整理费用通常涉及在建设项目开始之前对现有场地进行清理和准备的一系列费用,如旧有设施迁移补偿费、余物拆除清理费、土地清理费用、地面平整费用等费用。

其中,绿地整理是绿化工程施工前的地坪整理。绿化地的整理不只是简单的清掉垃圾、拔掉杂草。该作业的重要性在于为植物提供良好的生长条件,保证根部能够充分伸长,维持活力,吸收养料和水分。

扫码阅读(17.5 展延伸)

项目 18　编制园路、假山工程工程量清单

项目导入

园路和假山是园林设计中不可或缺的元素，它们各自承担着不同的功能和美学角色。在园林设计中，园路和假山往往相互配合，共同营造出富有变化的景致。假山可以作为园路的终点或者沿途的亮点，而园路则可以环绕假山，引导游客从不同角度欣赏假山的美景。此外，园路和假山的结合还可以减少人工气氛，增添自然生趣，使园林建筑融汇到山水环境中，从而表现中国自然山水园的特征。

在工程造价中，园路、假山工程量清单的编制需要遵循一定的规范和标准。首先，需要依据《建设工程工程量清单计价规范（标准）》（GB 50500）以及省级、行业建设主管部门颁发的工程量清单计量、计价规定来编制工程量清单。其次，要根据《园林绿化工程工程量计算规范（标准）》（GB 50858）中的相关规定来计算工程量。

在园林绿化工程中，园路、假山等项目的工程量清单通常会包含以下几个方面：园路园桥工程、堆砌假山工程、驳岸工程等。在实际操作中，需要结合具体的设计要求和施工条件来确定工程量清单的详细内容。

能力目标和要求

课前结合《园林工程计量与计价》教材，预习任务清单 4.4 掌握园路工程工程量清单编制的编制方法、任务清单 4.5 编制综合园林项目中的园路清单工程量、任务清单 4.6 掌握假山工程工程量清单编制的编制方法、任务清单 4.7 编制综合园林项目中的假山清单工程量。

➤　掌握园路、假山工程的工程量清单编制方法。
➤　能对园路、假山工程进行工程量清单编制。

18.1　项目情感准备——古往今来话

路牙，也称作道牙或缘石，是砌筑在车行道与人行道之间高出路面并与人行道基本持平的混凝土预制块或砖石。路牙的设计和材质的选择应根据其所在环境和预期的用途来决定，以保证其功能和美观。

整理并绘制常用路牙形式。

扫码获取资料
（18.1 项目情感准备）

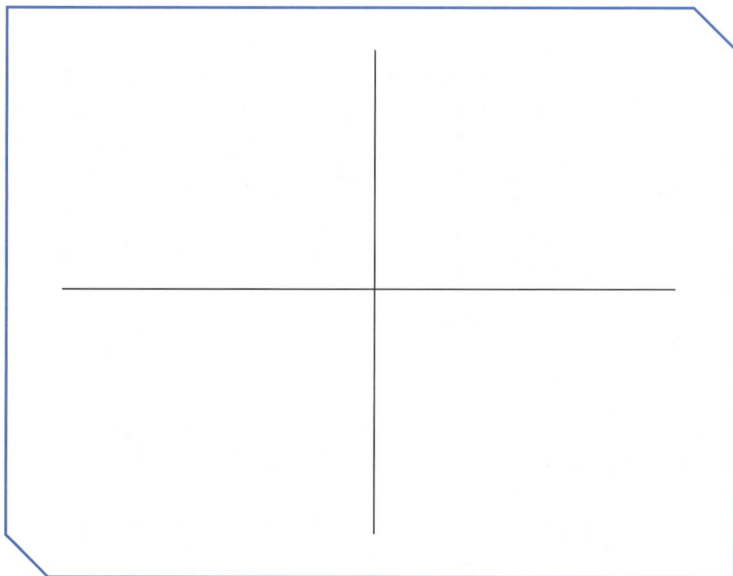

18.2　项目知识提炼

任务 18-1　解读园路工程量计算规范

园路工程量的计算是园林工程成本核算的重要环节，清单计价规则需要计算的是计量用工程量，其与计价工程量计算时存在相同点和不同点，需要进行区分整理。

整理园路工程清单计价规则与定额计价规则的不同处，完成表单填写。（定额可采用浙江省 2018 定额，清单用 2013 计算规范）

扫码视频学习（18-1.mp4）
获取资料（18-1 资源）

表单填写区

1. _____　　2. _____
3. _____　4. _____　5. _____　6. _____　7. _____
8. _____　9. _____　10. _____　11. _____　12. _____
13. _____　　　14. _____
15. _____　16. _____　17. _____　18. _____
19. _____　20. _____　　　21. _____
22. _____　23. _____　24. _____　25. _____　26. _____
27. _____　28. _____　29. _____　　30. _____
31. _____　32. _____　33. _____
34. _____　35. _____　36. _____　37. _____　38. _____
39. _____　40. _____　41. _____　42. _____　43. _____
44. 整理 2024 标准下，园路计算规则与定额计价规则的对应关系有何变化？_____

项目编码	项目名称+规则	计量	定额编号	项目名称+规则	单位	备注（计算规则是否相同）
1	园路：**2** （注：2024 版计算标准，增加了地面等，同时拆分为"园层""找平层""面层"等多个项目。）	**3**	**4**	整理路床 路面长×[路面宽(包括侧石)+每边各加 0.5m]	**5**	**6**
			7	垫层 按设计图示尺寸或面层每边放 5cm	**8**	**9**
			2-7～2； 2-29～33	面层 按设计图示尺寸	**10**	**11**
12	踏（蹬）道：**13**		2-73～76	砌、砼砌台阶	**14**	**15**
				花岗岩台阶：**16**	**17**	**18**
19	路牙铺设：**20**	**21**	2-38～43	路牙铺设	**22**	**23**
24	树池围牙盖板（算子） 1. 以米计量，按设计图示尺寸以长度计算 2. 以套计量，按设计图示数量计算	1. 米 2. 套	2-44～46	树围牙	**25**	**26**
			2-47～50	树穴盖板	m²/套	部分相同
			2-51～52	树池填充	**27**	**28**
050201005	嵌草砖（格）铺装：**29**	**30**	**31**	嵌草砖铺装	m²	可另计整理路床；相同
32	石汀步（步石、飞石）：**33**	**34**	**35**	汀步	**36**	相同
37	栈道 按栈道面板设计图示尺寸以面积计算	**38**	2-70～71	木栈道	**39**	**40**
			41	木栈道龙骨	**42**	**43**

任务 18-2　解读假山工程量计算规范

假山工程量的计算是园林景观建设中的一项重要工作，假山工程量的计算通常按照设计图示尺寸，以吨（t）为单位进行。对于不同的假山类型，如真石假山和塑石假山，计算方式可能会有所不同。同时在清单计价规则和地区的地区计价规则中有时会不完全匹配，或缺少对应的定额项等，同样需要进行区分整理。

整理假山工程清单计价规则与定额计价规则的不同处，完成表单填写。（定额可采用浙江省 2018 定额，清单用 2013 计算规范）

扫码视频学习（18-2.mp4）
获取资料（18-2 资源）

表单填写区

1. _____　2. _____　3. _____

4. _____　5. _____　6. _____

7. _____　8. _____

9. _____　10. _____　11. _____

12. _____　13. _____　14. _____

15. _____　16. _____　17. _____

18. 整理 2024 标准下，假山计算规则与定额计价规则的对应关系有何变化？

项目编码	项目名称+规则	计量	定额编号	项目名称+规则	单位	备注（计算规则是否相同）
050301001	**堆筑土山丘** 按设计图示山丘水平投影外接矩形面积乘以高度的1/3以体积计算	**1**	/	/	/	/
2	**堆砌石假山：3**	**4**	3-1~20	**黄石、湖石假山堆砌** $W_{\text{堆}}$=进料验收的数量−进料剩余的数量	t	**5**
6	**塑假山：7**	**8**	3-21~26	**砖、钢骨架塑假山** 按其外围表面积以 m² 计算	m²	**9**
				钢骨架制作	t	不同
10	**石笋：**以块（支、个）计量，按设计图示数量计算	**11**	3-36 ~ 38	**石笋安装**	**12**	相同
13	**点风景石：** 1. 以块（支、个）计量，按设计图示数量计算 2. 以吨计量，按设计图示石料质量计算	1. 块 2. 吨	**14**	**堆石峰**	**15**	基本相同
			16	**布置景石**	**17**	基本相同

知识链接：干砌卵石面与浆砌卵石面的区别

1. 干砌卵石面

干砌卵石面是指不使用任何胶结材料，直接将卵石或类似的石材堆积起来形成的砌体。这种砌体方式依赖于石块本身的重量和接触面之间的摩擦力来保持稳定。干砌卵石通常用于建造挡墙、护坡、堤面等工程，因为这些地方需要较大的石块以确保结构的稳定性和耐久性。如果一个项目需要快速完成且不涉及长期的水流侵蚀，可能会选择干砌卵石面。

2. 浆砌卵石面

浆砌卵石面则是在石块之间使用水泥沙浆、混合水泥沙浆、石灰、黏土沙浆或细骨料混凝土等胶结材料，将石块胶结起来，并填充石块间的空隙。这种砌体方式不仅能够提高结构的稳定性，还能够提供一定的防水性能。浆砌卵石面常用于需要较高防水要求的场合，例如水坝、渠道和其他水工建筑物。如果一个项目需要更高的结构稳定性和防水性能，那么浆砌卵石面可能是更合适的选择。

18.3　项目技能提升

任务 18-3　编制园路工程量清单

小游园内有不同规格的园路 3 条，及树池 1 个，试编制其工程量清单。详细参数见下表。

用工程量清单计价规则对园路工程量进行计算（依据 2013 清单计算规范）。

扫码获取资料
（18-3 资源）

假山种类	规格参数
卵石满铺路面	长 100m、宽 1.5m，道路断面图如图所示（以毫米为单位） 卵石满铺路面 20厚水泥砂浆层 100厚混凝土垫层 150厚碎石垫层 素土夯实
方整石板路面	园路长 120m、宽 1.2m，垫层采用 200mm 厚混凝土垫层
嵌草砖铺装路面	下图为嵌草砖铺装局部示意图，各尺寸如图所示，以毫米为单位 2400 5600 （a） ±0.00 嵌草砖 细砂 碎石 3:7灰土 60 40 35 150 （b） 嵌草砖铺装示意图 （a）平面图；（b）局部断面图

续表

假山种类	规格参数
道牙	该道路长 8m、宽 3m，道牙断面图如图所示，以毫米为单位 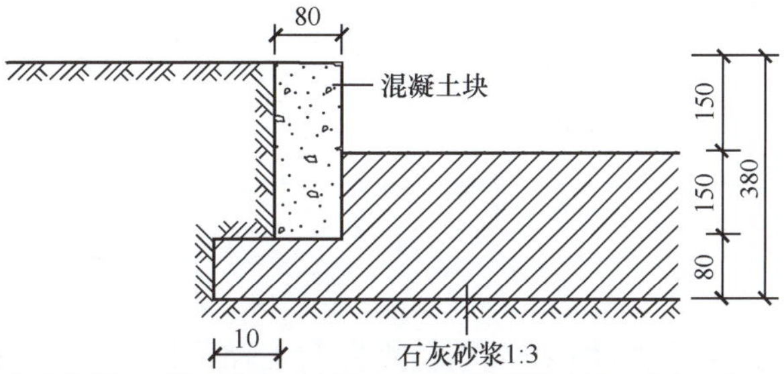 混凝土块　石灰砂浆1:3
树池	如图所示为一个树池平面和围牙立面，围牙为平铺，以毫米为单位 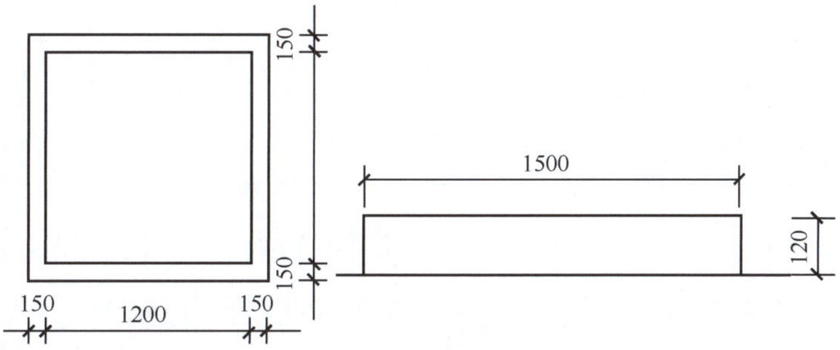 (a)　　　(b)

步骤 1：填写清单工程量计算书

序号	项目编码	项目名称（备注）	单位	工程量
1	**1**	**2**	**3**	**4**
	5（此处列出计算规则及计算式，下同）			
2	**6**	**7**	**8**	**9**
	10			
3	**11**	**12**	**13**	**14**
	15			
4	**16**	**17**	**18**	**19**
	20			
5	**21**	**22**	**23**	**24**
	25			

表单填写区

1. ___ 2. ___ 3. ___ 4. ___
5. ___
6. ___ 7. ___ 8. ___ 9. ___
10. ___
11. ___ 12. ___ 13. ___ 14. ___
15. ___
16. ___ 17. ___ 18. ___ 19. ___
20. ___
21. ___ 22. ___
23. ___ 24. ___ 25. ___

步骤 2：填写工程量清单表（注意小数点位置保留）。

分部分项工程量清单与计价表

序号	项目编码	项目名称	项目特征描述	计量单位	工程量
1	**1**	**2**	**3**	**4**	**5**
2	**6**	**7**	**8**	**9**	**10**
3	**11**	**12**	**13**	**14**	**15**
4	**16**	**17**	**18**	**19**	**20**
5	**21**	**22**	**23**	**24**	**25**

表单填写区

1. _____ 2. _____ 3. _____
4. _____ 5. _____ 6. _____ 7. _____ 8. _____
9. _____ 10. _____ 11. _____
12. _____ 13. _____
14. _____ 15. _____ 16. _____ 17. _____
18. _____ 19. _____ 20. _____ 21. _____
22. _____ 23. _____ 24. _____ 25. _____

步骤3：若采用2024版计算标准，请列出与2013版存在差异的项目及2024版的项目名称。

_____
_____
_____

知识链接：嵌草砖（格）铺装

嵌草砖铺装是一种结合了美观性和环保性的地面铺装方式，它不仅能够提供坚固耐用的地面，还能够通过砖块之间的空隙实现雨水的渗透，从而减少城市内涝问题，增加地下水的补给，同时也有利于植物生长，提升环境美观。

嵌草砖铺装适用于多种场合，包括人行道、步行街、休闲广场、非机动车道、居住区道路及停车场等。由于其透水性和环保特性，嵌草砖铺装也常被用于公园、绿地和其他需要排水和绿化的区域。

嵌草砖面层采用植草砖，按照设计图案铺设植草砖，轻轻平放并用橡胶锤锤打以稳定，注意不要损伤砖的边角。然后用营养土填充植草砖孔洞，进行植草，并浇水养护。质量要求应符合相关的路面施工及验收规程。

在施工过程中，还需要注意以下几点：

（1）确保施工材料的质量，避免使用掺杂粗颗粒物的栽培壤土。

（2）如果铺砌实心砖块，草皮应嵌种在宽2～5cm的预留缝中，缝中需填入种植土到2/3处。

（3）如铺砌实心砌块，草皮可嵌种在砌块的中心部位，砌块之间不需要预留草缝，可用水泥砂浆使其牢固粘连。

任务18-4 编制假山工程量清单

用工程量清单计价规则对假山工程量进行计算（依据2013清单计算规范）。

扫码获取资料（18-4资源）

小游园内有不同规格的土筑假山2座、黄石假山1座、湖石假山1座，同时为了屏蔽配电箱以砖为骨架塑假山1座，另有黄腊石点景石6块、黄石景石1块、石笋3根，试编制其工程量清单。详细参数见下表。

假山种类	规格参数
土筑假山 1	山丘水平投影外接矩形长 8m、宽 5m、假山高 6m
土筑假山 2	一个高 2m 的土山丘，其平面图如图（以毫米为单位） 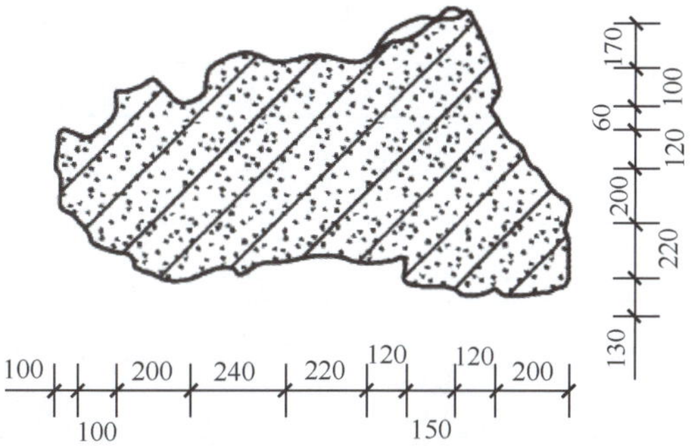
黄石假山	具体如图所示，假设黄石假山石料密度为 2.6t/m（以毫米为单位） 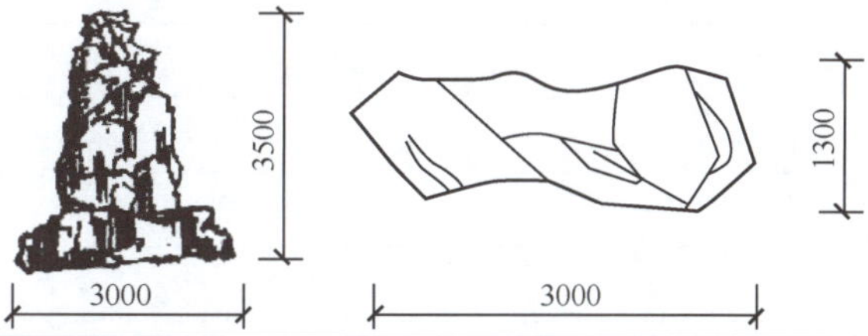
湖石假山	进料验收数量 20t，进料剩余数量 1.5t
砖骨架塑假山	高 1.2m，长 0.8m，厚 0.6m
黄腊石点景石	从广西运来黄腊石 6 块共 12t，每块重量都在 5t 以内，分别布置在各景点
黄石景石	经测量可知：长度方向的平均值为 2m，宽度方向的平均值为 1.5m，具体如图所示 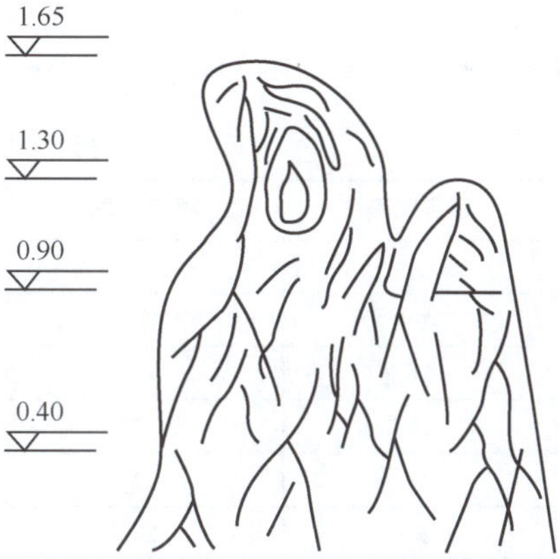
石笋	高度 3.5m 的 1 根，3m 的 2 根。提示：结合定额填写

步骤 1：填写清单工程量计算书。

序号	项目编码	项目名称（备注）	单位	工程量	序号	项目编码	项目名称（备注）	单位	工程量
1	1	2	3	4	3	11	12	13	14
	5（此处列出计算规则及计算式，下同）					15			
2	6	7	8	9	4	16	17	18	19
	10					20			

序号	项目编码	项目名称（备注）	单位	工程量	序号	项目编码	项目名称（备注）	单位	工程量
5	21	22	23	24	8	36	37	38	39
	25					40			
6	26	27	28	29	9	41	42	43	44
	30					45			
7	31	32	33	34					
	35								

表单填写区

1. _____ 2. _____ 3. ____ 4. ____ 5. ____
_____ 6. _____ 7. _____
8. ____ 9. ____ 10. _____ 11. _____
12. _____ 13. ____ 14. ____ 15. _____
_____ 16. _____ 17. _____ 18. ____ 19. ____
20. _____ 21. _____ 22. ____ 23. ____ 24. ____
25. _____ 26. ____ 27. ____
28. ____ 29. _____ 30. _____
31. ____ 32. ____ 33. ____ 34. ____ 35. ____ 36. ____
37. ____ 38. ____ 39. ____ 40. _____
41. ____ 42. ____ 43. ____ 44. ____ 45. ____

步骤 2： 填写工程量清单表（注意小数点位置保留）。

分部分项工程量清单与计价表

序号	项目编码	项目名称	项目特征描述	计量单位	工程量
1	1	2	3	4	5
2	6	7	8	9	10
3	11	12	13	14	15
4	16	17	18	19	20
5	21	22	23	24	25
6	26	27	28	29	30
7	31	32	33	34	35
8	36	37	38	39	40
9	41	42	43	44	45

表单填写区

1. ____ 2. ____ 3. _____ 4. ____ 5. ____
6. ____ 7. ____ 8. ____ 9. ____ 10. ____
11. ____ 12. ____ 13. _____ 14. ____ 15. ____

16. ___	17. ___	18. _____		19. ___	20. ___
21. ___	22. ___	23. _____		24. ___	25. ___
26. ___	27. ___	28. _____		29. ___	30. ___
31. ___	32. ___	33. _____		34. ___	35. ___
36. ___	37. ___	38. _____		39. ___	40. ___
41. ___	42. ___	43. _____		44. ___	45. ___

步骤 3：若采用 2024 版计算标准，请列出与 2013 版存在差异的项目及 2024 版的项目名称。

_____
_____
_____
_____

任务 18-5　编制园路工程量清单（虚拟仿真）

在虚拟仿真平台上对园路工程量进行计算（依据 2013 清单计算规范）。

扫码获取资料（18-5 资源）

根据下图剖面图，有道牙的园路长为 50m，试进行清单工程量的计算（以毫米为单位）。

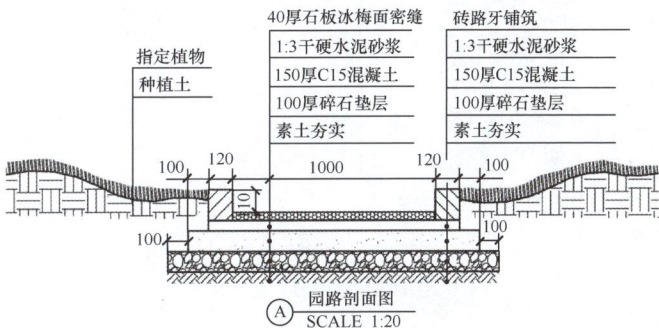

40厚石板冰梅面密缝　　砖路牙铺筑
指定植物　　1:3干硬水泥砂浆　　1:3干硬水泥砂浆
种植土　　150厚C15混凝土　　150厚C15混凝土
100厚碎石垫层　　100厚碎石垫层
素土夯实　　素土夯实

Ⓐ 园路剖面图
SCALE 1:20

步骤 1：填写清单工程量计算书。

序号	项目编码	项目名称（备注）	单位	工程量
1	**1**	**2**	**3**	**4**
	5（此处列出计算规则及计算式，下同）			
2	**6**	**7**	**8**	**9**
	10			

表单填写区

1. ___　　2. ___　　3. ___　　4. ___
5. _____
6. ___　　7. ___　　8. ___　　9. ___
10. _____

步骤 2：请进入"园林工程计量与计价虚拟仿真实训软件"，完成"任务 2 园路工程工程量清单编制"（注：软件按 GB 50858 进行编写）。

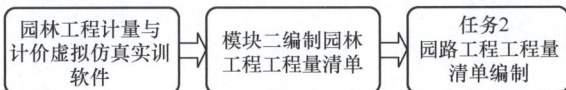

园林工程计量与计价虚拟仿真实训软件 → 模块二编制园林工程工程量清单 → 任务2 园路工程工程量清单编制

步骤3：填写及粘贴表单。

分部分项工程量清单与计价表

序号	项目编码	项目名称	项目特征描述	计量单位	工程量
1		拍照粘贴实训成果或拍照提交 任务2 园路工程工程量清单编制		填写软件提示中的错误点 _____ _____ _____	
2				_____ _____ _____ _____	

任务 18-6　编制景观工程工程量

进行园路、假山工程量清单综合编制（依据 2013 清单计算规范）。

扫码获取资料
（18-6 资源）

某场地由地质报告得知土壤类别为二类土，园路地面标高为±0.000，地下常水位于-1.5m 标高处。场地中有一个木桥、一条汀步、一条弧形卵石路；湖石假山一座、湖石景石若干块。

1. 园路工程

弧形卵石路长 23m；700mm×350mm×70mm 桐庐芝麻青菠萝面，汀步数量如图所示；木桥平面尺寸为 1.5m×3m。

2. 假山工程

湖石假山堆砌度为 3.5m，工程量暂定为 28t；置石 0.6t 的共 4 块，1.8t 的汀步用景石共 2 块，6.2t 的共 1 块，2.7t 的共 5 块。

步骤 1：在图纸中标出对应的园路及假山（以毫米为单位）。

表单填写区

A. _____

B. _____

C. _____

D. _____

E. _____

F. _____

G. _____

H. _____

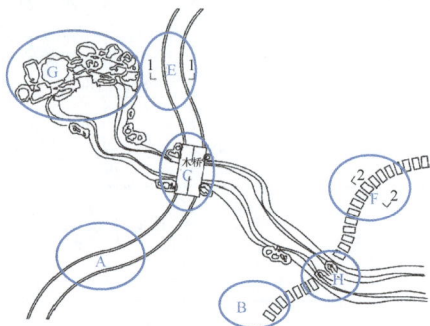

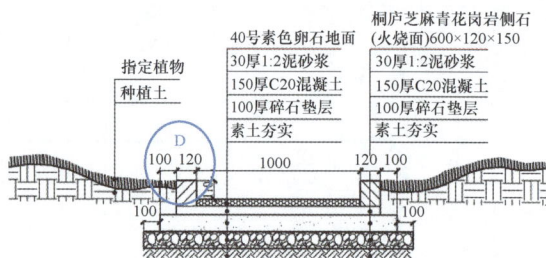

1—1(园路)剖面图

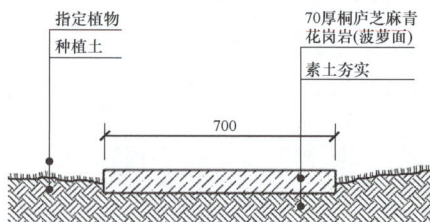

2—2(步石)剖面图

步骤 2：填写工程量清单表（注意小数点位置保留）。

分部分项工程项目清单与计价表

序号	项目编码	项目名称	项目特征描述	计量单位	工程量
		园路工程			
1	**1**	园路	**2**	**3**	**4**
2	050201001002	**5**	**6**	**7**	**8**
3	**9**	路牙铺设	**10**	**11**	**12**
4	**13**	**14**	**15**	**16**	**17**
		假山工程			
5	**18**	堆砌石假山	**19**	**20**	**21**
6	**22**	**23**	**24**	块	**25**
7	**26**	**27**	**28**	块	**29**
8	**30**	**31**	**32**	块	**33**
9	**34**	**35**	**36**	块	**37**

表单填写区

1. _____ 2. _____

3. _____ 4. _____ 5. _____ 6. _____

7. _____ 8. _____ 9. _____ 10. _____

_____ 11. _____ 12. _____ 13. _____ 14. _____

15. _____ 16. _____ 17. _____ 18. _____ 19. _____

20. _____ 21. _____ 22. _____ 23. _____ 24. _____

25. _____ 26. _____ 27. _____ 28. _____ 29. _____

30. _____ 31. _____ 32. _____ 33. _____

34. _____ 35. _____ 36. _____ 37. _____

18.4 小结与提升——书今之所悟

1. 总结园路工程工程量计算时的注意要点和易错点。

_____

_____

2. 总结假山工程工程量计算时的注意要点和易错点。

_____

_____

　　课后完成**任务清单 4.4 掌握园路工程工程量清单编制的编制方法**、**任务清单 4.5 编制综合园林项目中的园路清单工程量**、**任务清单 4.6 掌握假山工程工程量清单编制的编制方法**、**任务清单 4.7 编制综合园林项目中的假山清单工程量**中的表单填写。

18.5　拓展延伸

　　汀步最早起源于水中的一种石头踏步，是古人为了方便过河，在河流水中放置了一些平坦高出水面且拥有一定间距的石头，这些石头的中心间距大概是成年人跨出一步的宽度，能够让人轻松地横跨河流。后来这种带有间距的过河踏步石慢慢被人们引进到园林之中，用在花园的水池或溪流之中，以便于人跟水景亲近和通过。随着汀步在园林水景中的应用，人们发现它不光能够应用于水景，也可以应用于地面，可以跟植物结合，也可以跟其他材质的地面铺装材质结合在一起，形成一种有节奏韵律美感和趣味性的园路。

　　那步石（汀步）作为一种特殊的铺地，如何进行清单工程量的计算？如为石质汀步又该如何计算呢？

扫码阅读（18.5 拓展延伸）
标准引领、行业服务、改革创新、绿色低碳

项目 19　编制绿化工程工程量清单报价表

项目导入

在工程交易阶段，工程量清单计价主要表现为招标标底、招标控制价和投标报价等类型。在工程量清单计价环节所用的表格比在工程量清单编制的环节的表格要多，填写的内容增加了价格方面的内容，最后可以计算得出工程的造价。

标底是由业主组织专门人员为准备招标的那一部分工程或设备而计算出的一个合理的基本价格。标底是招标工程的预期价格，能反映出拟建工程的资金额度，以明确招标单位在财务上应承担的义务。标底在开标前是保密的，任何人不得泄露标底。

招标控制价也称拦标价或最高限价，广泛应用于投资决策、项目预算，尤其在工程建设项目招投标中发挥着重要作用。招标控制价在招投标中的作用体现了公开、公平、公正的原则。它促进了投标人理性选择、良性竞争，有利于精确管控项目投资，促使评标工作更加科学合理，有利于遏制招投标过程中的违法违规行为，提高招投标的成功率。

投标报价是在招标过程中，投标人根据招标文件的要求以及有关计价规定，结合工程项目特点、施工现场情况及企业自身的施工技术、装备和管理水平等，自主确定的工程造价。投标报价是投标人希望达成工程承包交易的期望价格，但不能高于招标人设定的招标控制价。

能力目标和要求

课前结合《园林工程计量与计价》教材，预习任务清单 5.1 工程量清单计价原理、任务清单 5.2 绿化工程工程量清单计价。

➢　了解无标底投标时的利与弊，并查找相关材料进行分析。

➢　掌握工程量清单计价原理，明确招标人和投标人在计价时的不同要求。

➢　掌握绿化工程量清单计价编制方法，并能完成综合性绿化工程量清单计价编制。

19.1　项目情感准备——古往今来话

有标底招标和无标底招标使用时各有利弊，各有其适用场景，有标底招标适用于那些对价格稳定性和投标风险控制要求较高的项目，而无标底招标则更适用于那些需要强调市场竞争和创新的项目。

整理标底相关知识点，并分析其利弊。

扫码获取资料
（19.1 项目情感准备）

表单填写区

1. 根据是否有标底，整理评标办法的类型。

_____

_____

2. 分析无标底招标时的利与弊。

_____

_____

_____

3. 标底泄露时，会造成什么问题或产生什么影响？

_____

_____

19.2　项目知识提炼

任务 19-1　整理工程量清单计价原理

在工程交易阶段，工程量清单计价是一种重要的计价方式，它主要涉及招标标底、招标控制价和投标报价等类型。

整理工程量清单计价的类型和相关定义。

扫码视频学习（19-1.mp4）
获取资料（19-1 资源）

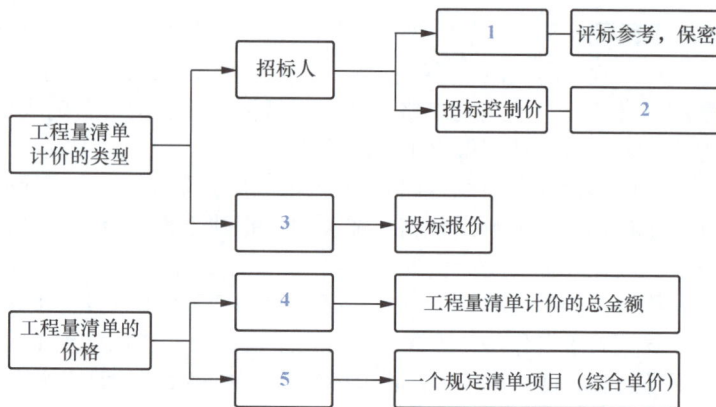

表单填写区

1. ＿＿＿＿＿　2. ＿＿＿＿＿　3. ＿＿＿＿＿　4. ＿＿＿＿＿　5. ＿＿＿＿＿

知识链接：标底和最高限价的区别

（1）定义。标底是招标人设定的完成招标项目的最低造价，是招标人的期望价格；而最高限价是招标人规定的投标人可以报价的最高上限，超过即为废标。

（2）公开程度。标底在开标前是严格保密的，以防止泄露影响招标正常进行；最高投标限价则是公开的，必须在招标文件中明确标明。

（3）评标依据。标底是评标的参考，不能作为中标的直接条件；最高投标限价是评标的重要依据，超过此价的投标将被视为无效。

（4）价格浮动。在定额计价时，投标报价可以在一定范围内高于或低于标底价；而在清单计价下，投标报价通常不能高于最高投标限价。

（5）制定目的。标底的制定是为了确保招标项目的成功实施；最高投标限价的制定则是为了控制项目成本，防止投标价格过高超出预算。

19.3　项目技能提升

任务 19-2　编制绿化工程量清单报价（含虚拟仿真）

对绿化工程的清单进行价格计取（依据2013 清单计算规范）。

扫码获取资料（19-2 资源）

已知杭州某小区绿化工程，外购种植鹅掌楸，苗木要求带土球种植，场地土壤为三类土，种植后用长 2.2m 的树棍桩三脚支撑，乔木草绳绕树干高度为 2m/株，养护期为两年。其中苗木到场价如下：鹅掌楸 480 元/株。除苗木价格按照上述到场价计取外，人工、机械、其他材料费均按照定额相应价格计取，管理费按 13%计取，利润按 22%计取，风险费不计。试计算其清单报价（含技术措施）（**笔算用 2010 版，虚拟仿真为 2018 版**）。

植物名称及数量统计表

序号	植物名称	规格（cm）			单位	数量	备注
		胸径	冠幅	高度			
1	鹅掌楸	10	300	500	株	4	

步骤 1：填写分部分项工程、措施项目中的清单工程量。

分部分项工程量清单与计价表

序号	项目编码	项目名称	项目特征	计量单位	工程量	综合单价（元）	合价（元）	其中（元）		备注
								人工费	机械费	
1	1	2	3	4	5	16	17	18	19	

施工技术措施项目清单与计价表

序号	项目编码	项目名称	项目特征	计量单位	工程量	综合单价（元）	合价（元）	其中（元）		备注
								人工费	机械费	
1	6	7	8	9	10	20	21	22	23	
2	11	12	13	14	15	24	25	26	27	

表单填写区

1. _____   2. _____   3. _____   4. ____   5. ____

6. _____   7. _____   8. _____   9. ____   10. ____

11. _____   12. _____   13. _____   14. ____   15. ____

步骤 2：填写分部分项工程、措施项目工程量清单综合单价计算表（用 2010 版定额计取）。

● **子步骤 1**：填写编号、名称、计量单位、数量。

工程量清单综合单价计算表

序号	编号	名称	计量单位	数量	综合单价（元）							合计（元）
					人工费	材料费	机械费	管理费	利润	风险费用	小计	
1	1	2	3	4	68	69	70	71	72	73	74	75
种	13	14	15	16	17	18	19	20	21	22	23	24
养	25	26	27	28	29	30	31	32	33	34	35	36
	37	38	39	40	/	41	/	/	/	/	42	43

措施项目清单综合单价计算表

序号	编号	名称	计量单位	数量	综合单价（元）							合计（元）
					人工费	材料费	机械费	管理费	利润	风险费用	小计	
2 支撑	5	6	7	8	76	77	78	79	80	81	82	83
	44	45	46	47	48	49	50	51	52	53	54	55
3 卷干	9	10	11	12	84	85	86	87	88	89	90	91
	56	57	58	59	60	61	62	63	64	65	66	67

表单填写区
（子步骤 1）

1. _____

2. _____

_____

3. _____   4. _____

5. _____

6. _____

7. _____   8. _____

9. _____

10. _____

11. _____   12. _____

● 子步骤 2：套取定额。

表单填写区（子步骤 2）

13. _____ 14. _____ 15. _____ 16. _____

17. _____ 18. _____ 19. _____ 20. _____ 21. _____ 22. _____ 23. _____ 24. _____

25. _____ 26. _____ 27. _____ 28. _____

29. _____ 30. _____ 31. _____ 32. _____ 33. _____ 34. _____ 35. _____ 36. _____

37. _____ 38. _____ 39. _____ 40. _____ 41. _____ 42. _____ 43. _____

44. _____ 45. _____ 46. _____ 47. _____ 48. _____

49. _____ 50. _____ 51. _____ 52. _____ 53. _____ 54. _____ 55. _____

56. _____ 57. _____ 58. _____ 59. _____ 60. _____

61. _____ 62. _____ 63. _____ 64. _____ 65. _____ 66. _____ 67. _____

● 子步骤 3：计算综合单价。

表单填写区（子步骤 3）

68. _____ 69. _____ 70. _____ 71. _____ 72. _____ 73. _____ 74. _____ 75. _____

76. _____ 77. _____ 78. _____ 79. _____ 80. _____ 81. _____ 82. _____ 83. _____

84. _____ 85. _____ 86. _____ 87. _____ 88. _____ 89. _____ 90. _____ 91. _____

步骤 3： 完成分部分项、措施项目工程量清单与计价表（填入步骤 1 的表格灰色部分）。

表单填写区

16. _____ 17. _____ 18. _____ 19. _____ 20. _____ 21. _____

22. _____ 23. _____ 24. _____ 25. _____ 26. _____ 27. _____

步骤 4： 请进入"园林工程计量与计价虚拟仿真实训软件"，完成"任务 1 绿化工程工程量清单报价"（注：软件按 GB 50858、浙江 2018 版定额进行编写）。

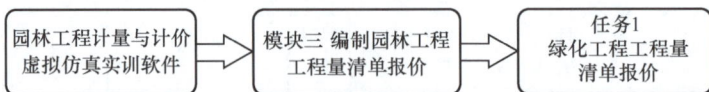

园林工程计量与计价虚拟仿真实训软件 → 模块三 编制园林工程工程量清单报价 → 任务1 绿化工程工程量清单报价

步骤5：填写及粘贴表单（注意共有4个表单）。

可拍照上传或粘贴	可拍照上传或粘贴
分部分项工程量清单与计价表	施工技术措施项目分项工程量清单与计价表

综合单价：＿＿＿＿＿＿＿＿＿＿

填写软件提示中的错误点

＿＿＿＿＿＿＿＿＿＿＿＿＿＿＿＿

＿＿＿＿＿＿＿＿＿＿＿＿＿＿＿＿

＿＿＿＿＿＿＿＿＿＿＿＿＿＿＿＿

＿＿＿＿＿＿＿＿＿＿＿＿＿＿＿＿

＿＿＿＿＿＿＿＿＿＿＿＿＿＿＿＿

综合单价：＿＿＿＿＿＿＿＿＿＿

填写软件提示中的错误点

＿＿＿＿＿＿＿＿＿＿＿＿＿＿＿＿

＿＿＿＿＿＿＿＿＿＿＿＿＿＿＿＿

＿＿＿＿＿＿＿＿＿＿＿＿＿＿＿＿

＿＿＿＿＿＿＿＿＿＿＿＿＿＿＿＿

＿＿＿＿＿＿＿＿＿＿＿＿＿＿＿＿

可拍照上传或粘贴

工程量清单综合单价计算表

填写软件提示中的错误点

列出对应的换算式或工程量计算式
1. 种植＿＿＿＿＿＿＿＿＿＿＿＿
2. 养护＿＿＿＿＿＿＿＿＿＿＿＿
3. 主材＿＿＿＿＿＿＿＿＿＿＿＿

可拍照上传或粘贴

措施项目清单综合单价计算表

填写软件提示中的错误点

列出对应的换算式或工程量计算式
1. 支撑＿＿＿＿＿＿＿＿＿＿＿＿
2. 卷干＿＿＿＿＿＿＿＿＿＿＿＿

任务 19-3   编制综合性绿化工程量清单报价

对综合性绿化工程的清单进行价格计取（依据2013清单计算规范）。

扫码获取资料（19-3资源）

某大学园林技能实训场地"匠心筑梦园"园林绿化工程。绿地面积为240m²，场地土质为三类土，绿地平整厚度在30cm以内，场内无垃圾，无需处理。苗木要求带土球种植，养护期为一（两）年。苗木除华棕外均为外购。种植后鹅掌楸、桂花、红枫采用树棍桩三脚支撑且用草绳绕树干2m。试进行绿地整理及栽植花木部分清单工程量报价。

管理费按13%计取，利润按22%计取，风险费不计。采用2018版定额。

任务采用电子表格填写，按小组填写，奇数小组养护期为一年，偶数小组养护期为两年。

植物名称及数量统计表

序号	植物名称	规格（cm）			单位	数量	单价（元/株）	备注
		胸径	冠幅	高度				
1	鹅掌楸	12～16	300	500	株	8	480.00	
2	桂花		300	400	株	6	1200.00	
3	红枫	d6			株	7	96.90	
4	红花继木球		120	100	株	13	162.00	
5	钢竹	杆径5			m²	25	7.00	5株/m²
6	华棕	d 15		500	株	3	—	原有植物移栽
7	金森女贞绿篱		50	60	m	26	6.00	单行种植，5株/m
8	凌霄	d2			株	6	7.00	三年生3株/m²
9	小叶栀子		35	40	m²	24	1.80	16株/m²
10	万寿菊			20	m²	20	0.90	12株/m²
11	美人蕉			50	m²	35	13.00	水生栽植，10丛/m²，水深60cm
12	百慕大草皮				m²	110	14.76 元/m²	满铺

课堂评分表（组号：　　　　）

序号	项目	人员分配（姓名）	步骤1：填写分部分项工程、措施项目中的清单工程量 教师评价	步骤2：填写分部分项工程、措施项目工程量清单综合单价计算表 教师评价	步骤3：完成分部分项、措施项目工程量清单与计价表 教师评价	综合单价（元） 学生填写	速度分（只记前三）
	绿地整理						
1	鹅掌楸						
2	桂花						
3	红枫						
4	红花继木球						
5	钢竹						
6	华棕						
7	金森女贞绿篱						
8	凌霄						
9	小叶栀子						
10	万寿菊						
11	美人蕉						
12	百慕大草皮						
	支撑						
	卷干（两项）						
	汇总						

19.4　小结与提升——书今之所悟

1. 总结绿化工程量清单计价时的注意要点和易错点。

_____

_____

_____

2. 总结绿化工程定额计价与工程量清单计价的不同点。

_____

_____

_____

　　课后完成任务清单 5.1 工程量清单计价原理、任务清单 5.2 绿化工程工程量清单计价中的表单填写。

19.5　拓展延伸

　　标底一般先由设计单位、工程咨询服务部门或专门从事建筑预算定额部门，编制出设计概算或施工预算，然后经建设单位和主管机关、建设银行等共同审查后确定。标底是选择中标企业的一个重要指标，在开标前要严加保密，防止泄露，以免影响招标的正常进行。

　　标底确定得是否合理、切合实际，是选择最有利的投标企业的关键环节，是实施建设项目的重要步骤。

　　确定标底时，不能认为把标价压得越低越好，要定得合理，要让中标者有利可图，才能调动其积极性，努力完成建设任务。

扫码阅读（19.5 拓展延伸）
标准引领、行业服务、改革创新、绿色低碳

课堂笔记

项目 20　编制园路、假山工程工程量清单报价表

项目导入

围标和串标是招投标活动中最让人头痛的两种非法行为，这两种行为随着博弈的加强还有相互转化的趋势，所以不可不察、不可不除。

围标是指在采用综合评分法评标时，几个投标人之间相互约定，一致抬高或压低报价进行投标，通过限制竞争，排挤其他投标人，使某个利益相关者中标，从而谋取利益的手段和行为。

串标是指投标人之间或投标人与招标人、中介机构、评标专家相互串通骗取中标，根源在于招投标领域乃至整个社会的诚信缺失。

《采购法》第二十五条规定：政府采购当事人不得相互串通损害国家利益、社会公共利益和其他当事人的合法权益。《招标投标法》第三十二条规定：投标人不得相互串通投标报价，不得排挤其他投标人的公平竞争，损害招标人或者其他投标人的合法权益。投标人不得与招标人串通投标，损害国家利益、社会公共利益或者他人的合法权益。

能力目标和要求

课前结合《园林工程计量与计价》教材，预习任务清单 5.3 园路、假山工程工程量清单计价、任务清单 5.4 承包人的工程量清单计价和投标报价。

➢ 掌握园路工程工程量清单计价编制方法，并能进行园路工程工程量清单计价编制。
➢ 掌握假山工程工程量清单计价编制方法，并能进行假山工程工程量清单计价编制。

20.1　项目情感准备——古往今来话

在招投标过程中，围、串标是一种严重违反公平竞争原则的违法行为。它通常涉及招标人、投标人以及其他利益相关者之间的非法勾结，目的是操纵投标结果，使特定的投标人中标。这种行为不仅损害了其他潜在投标人的合法权益，也破坏了市场的公平竞争环境，对整个社会经济秩序造成了负面影响。

阅读围标串标案件，查找相关资料，并进行分析。

扫码获取资料
（20.1 项目情感准备）

表单填写区

1. 列举串标情况的表现。
_____
_____
_____

2. 列举围标情况的表现。
_____
_____
_____

3. 围标串标现象导致的后果有哪些？
_____
_____

4. 如何防治围标串标"顽疾"？
_____
_____
_____
_____

20.2　项目知识提炼

任务 20-1　整理投标人估价和报价策略

承包人的工程计价（即工程估价）和报价策略是两个不同的概念。企业在市场竞争中除了靠自身的实力外，投标策略和投标技巧对于能否中标、能否取得更多利润有着举足轻重的作用，是企业在竞赛中立于不败之地的重要手段之一。

整理工程量清单计价的类型和相关定义。

扫码视频学习（20-1.mp4）

表单填写区

1. _____
2. _____ 3. _____ 4. _____
5. _____ 6. _____
7. _____ 8. _____
9. _____ 10. _____
11. _____ 12. _____
13. _____ 14. _____ 15. _____

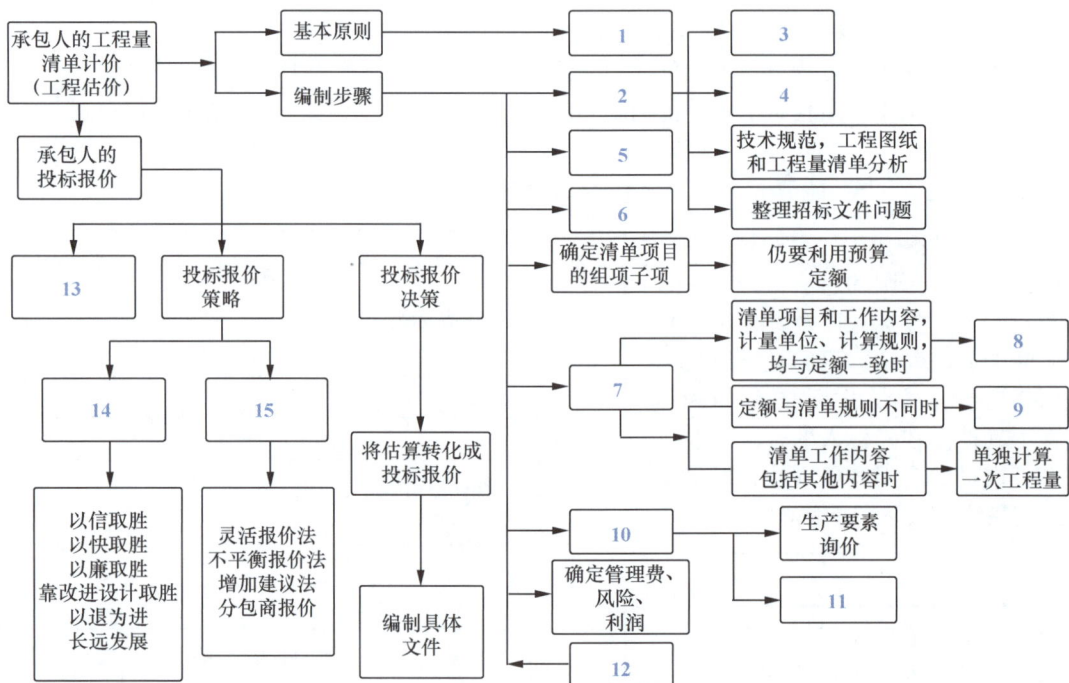

承包人的工程量清单计价（工程估价）
- 基本原则 → 1 → 3
- 编制步骤 → 2 → 4
  - 5 → 技术规范，工程图纸和工程量清单分析
  - 6 → 整理招标文件问题
  - 确定清单项目的组项子项 → 仍要利用预算定额
  - 7
    - 清单项目和工作内容，计量单位、计算规则，均与定额一致时 → 8
    - 定额与清单规则不同时 → 9
    - 清单工作内容包括其他内容时 → 单独计算一次工程量
  - 10 → 生产要素询价
    - 确定管理费、风险、利润 → 11
  - 12

承包人的投标报价
- 13
- 投标报价策略
  - 14 → 以信取胜 以快取胜 以廉取胜 靠改进设计取胜 以退为进 长远发展
  - 15 → 灵活报价法 不平衡报价法 增加建议法 分包商报价
- 投标报价决策
  - 将估算转化成投标报价
  - 编制具体文件

20.3　项目技能提升

任务 20-2　编制园路工程工程量清单报价

乱铺花岗岩板路面，园路长 120m、宽 1.2m，垫层采用 200mm 厚混凝土垫层、基础为人工夯实。管理费按 12% 计取，利润按 23% 计取，风险费不计。试计算其清单报价（**笔算用 2010 版，虚拟仿真为 2018 版**）。

步骤 1： 填写分部分项工程中的清单工程量。

对园路工程的工程量清单进行价格计取（依据 2013 清单计算规范）。

扫码获取资料
（20-2 资源）

分部分项工程量清单与计价表

序号	项目编码	项目名称	项目特征	计量单位	工程量	综合单价（元）	合价（元）	其中（元）		备注
								人工费	机械费	
1	1	2	3	4	5	6	7	8	9	

表单填写区

1. _____ 2. _____ 3. _____

_____

4. _____ 5. _____

步骤 2： 填写计价用工程量计算表。

工程量计算表

序号	项目说明	单位	工程量	计算式
1	整理路床	1	2	3
2	4	5	6	7
3	8	M2	9	10

表单填写区

1. _____ 2. _____ 3. _____
4. _____ 5. _____ 6. _____
7. _____ 8. _____
9. _____ 10. _____

步骤 3： 填写分部分项工程工程量清单综合单价计算表（用 2010 版定额计取）。

● **子步骤 1：** 填写编号、名称、计量单位、数量。

工程量清单综合单价计算表

序号	编号	名称	计量单位	数量	人工费	材料费	机械费	管理费	利润	风险费用	小计	合计（元）
1	1	2	3	4	41	42	43	44	45	46	47	48
	5	6	7	8	9	10	11	12	13	14	15	16
	17	18	19	20	21	22	23	24	25	26	27	28
	29	30	31	32	33	34	35	36	37	38	39	40

（综合单价（元）跨 41-47）

表单填写区（子步骤 1）

1. _____
2. _____

_____

3. _____ 4. _____

● **子步骤 2：** 套取定额。

表单填写区（子步骤 2）

5. ___ 6. ___ 7. ___ 8. ___ 9. ___ 10. ___ 11. ___
12. ___ 13. ___ 14. ___ 15. ___ 16. ___ 17. ___ 18. ___
19. ___ 20. ___ 21. ___ 22. ___ 23. ___ 24. ___ 25. ___ 26. ___
27. ___ 28. ___ 29. ___ 30. ___ 31. ___ 32. ___ 33. ___
34. ___ 35. ___ 36. ___ 37. ___ 38. ___ 39. ___ 40. ___

● **子步骤 3：** 计算综合单价。

表单填写区（子步骤 3）

41. _____ 42. _____ 43. _____ 44. _____ 45. _____ 46. _____ 47. _____ 48. _____

步骤 4：完成分部分项工程量清单与计价表（填入步骤 1 的表格灰色部分），并分别填写综合单价。

表单填写区

6. _____ 7. _____ 8. _____ 9. _____ 10. **分部分项工程综合单价：** _____

步骤 5：请进入"园林工程计量与计价虚拟仿真实训软件"，完成"任务 2 园路工程工程量清单报价"（注：软件按 GB 50500、浙江 2018 版定额进行编写）。

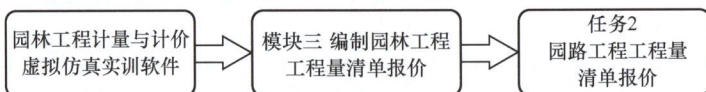

园林工程计量与计价 → 模块三 编制园林工程 → 任务2
虚拟仿真实训软件　　工程量清单报价　　园路工程工程量清单报价

步骤 6：填写及粘贴表单（注意有共有两个表单）。

可拍照上传或粘贴	可拍照上传或粘贴
分部分项工程量清单与计价表	工程量清单综合单价计算表

综合单价：_____

填写软件提示中的错误点

_____
_____
_____
_____
_____
_____

填写软件提示中的错误点

_____
_____
_____
_____
_____
_____

任务 20-3　编制综合性园路工程、假山工程工程量清单报价

对综合性园路工程、假山工程工程量进行价格计取（依据 2013 清单计算规范）。

场地内有园路、土山丘，试根据工程量清单计算其控制价报价。企业管理费、利润、风险费按人工费与机械使用费之和的 16.50%、11.50%、5% 计算。（2010 版定额）

扫码获取资料（20-3 资源）

分部分项工程量清单与计价表

序号	项目编码	项目名称	项目特征	计量单位	工程量	综合单价（元）	合价（元）	其中（元）人工费	其中（元）机械费	备注
1	050201001001	园路	黄沙干铺土青砖席纹侧铺，路面（宽 1.25m、长 12m）；100mm 厚 15（40）混凝土垫层；150mm 厚碎石垫层；整理路床（宽 2.25m，长 13m）	m²	15.00					
2	050301001001	堆筑土山丘	土山丘场外取土、运土距离为 1000m，坡度为 30%，高 1.5m	m³	400.00					
			合计							

步骤 1：填写计价用工程量计算表。

工程量计算表（园路）

序号	项目说明	单位	工程量	计算式
1	砖席纹侧铺	1	2	3
2	混凝土垫层	4	5	6
3	7	8	9	10
4	11	M2	12	13

表单填写区

1. _____   2. _____   3. _____
4. _____   5. _____   6. _____
7. _____   8. _____   9. _____
10. _____
11. _____   12. _____   13. _____

步骤 2：填写分部分项工程工程量清单综合单价计算表（用 2010 版定额计取）。

● **子步骤 1：**填写编号、名称、计量单位、数量。

工程量清单综合单价计算表

序号	编号	名称	计量单位	数量	综合单价（元）人工费	材料费	机械费	管理费	利润	风险费用	小计	合计（元）
1	1	2	3	4	85	86	87	88	89	90	91	92
	13	14	15	16	17	18	19	20	21	22	23	24
	25	26	27	28	29	30	31	32	33	34	35	36
	37	38	39	40	41	42	43	44	45	46	47	48
	49	50	51	52	53	54	55	56	57	58	59	60
2	5	6	7	8	93	94	95	96	97	98	99	100
	61	62	63	64	65	66	67	68	69	70	71	72
	73	74	75	76	77	78	79	80	81	82	83	84

表单填写区
（子步骤 1）

1. _____
2. _____
_____
3. _____
4. _____
5. _____
6. _____
_____
_____
7. _____
8. _____

● **子步骤 2**：套取定额。

表单填写区（子步骤 2）

13. _____ 14. _____ 15. _____ 16. _____ 17. _____ 18. _____ 19. _____

20. _____ 21. _____ 22. _____ 23. _____ 24. _____ 25. _____

26. _____ 27. _____ 28. _____ 29. _____ 30. _____ 31. _____

32. _____ 33. _____ 34. _____ 35. _____ 36. _____ 37. _____ 38. _____

39. _____ 40. _____ 41. _____ 42. _____ 43. _____ 44. _____ 45. _____

46. _____ 47. _____ 48. _____ 49. _____ 50. _____ 51. _____

52. _____ 53. _____ 54. _____ 55. _____ 56. _____ 57. _____ 58. _____

59. _____ 60. _____ 61. _____ 62. _____ 63. _____ 64. _____

65. _____ 66. _____ 67. _____ 68. _____ 69. _____ 70. _____ 71. _____

72. _____ 73. _____ 74. _____ 75. _____ 76. _____

77. _____ 78. _____ 79. _____ 80. _____ 81. _____ 82. _____ 83. _____

84. _____

● **子步骤 3**：计算综合单价。

表单填写区（子步骤 3）

85. _____ 86. _____ 87. _____ 88. _____ 89. _____ 90. _____ 91. _____ 92. _____

93. _____ 94. _____ 95. _____ 96. _____ 97. _____ 98. _____ 99. _____ 100. _____

步骤 4：完成分部分项工程量清单与计价表（填入题干表格灰色部分）。

分部分项工程量清单与计价表

序号	项目编码	项目名称	项目特征	计量单位	工程量	综合单价（元）	合价（元）	其中（元）		备注
								人工费	机械费	
1	050201001001	园路	黄沙干铺土青砖席纹侧铺，路面（宽1.25m、长12m）；100mm厚15（40）混凝土垫层；150mm厚碎石垫层；整理路床（宽2.25m，长13m）	m²	15.00	1	2	3	4	
2	050301001001	堆筑土山丘	土山丘场外取土、运土距离为1000m，坡度为30%，高1.5m	m³	400.00	5	6	7	8	
合计							9	10	11	

表单填写区

1. ＿＿＿＿   2. ＿＿＿＿   3. ＿＿＿＿   4. ＿＿＿＿   5. ＿＿＿＿   6. ＿＿＿＿
7. ＿＿＿＿   8. ＿＿＿＿   9. ＿＿＿＿   10. ＿＿＿＿   11. ＿＿＿＿

20.4   小结与提升——书今之所悟

　　1. 总结园路工程、假山工程工程量清单计价时的注意要点和易错点。

＿＿＿＿＿＿＿＿＿＿＿＿＿＿＿＿＿＿＿＿＿＿＿＿＿＿＿＿＿＿＿＿＿＿＿＿＿＿
＿＿＿＿＿＿＿＿＿＿＿＿＿＿＿＿＿＿＿＿＿＿＿＿＿＿＿＿＿＿＿＿＿＿＿＿＿＿

　　2. 总结园路工程、假山工程定额计价与工程量清单计价的不同点。

＿＿＿＿＿＿＿＿＿＿＿＿＿＿＿＿＿＿＿＿＿＿＿＿＿＿＿＿＿＿＿＿＿＿＿＿＿＿
＿＿＿＿＿＿＿＿＿＿＿＿＿＿＿＿＿＿＿＿＿＿＿＿＿＿＿＿＿＿＿＿＿＿＿＿＿＿

　　课后完成任务清单 5.3 园路、假山工程工程量清单计价、任务清单 5.4 承包人的工程量清单计价和投标报价中的表单填写。

20.5   拓展延伸

　　所谓"最低价中标"，就是在政府采购招投标中，报价最低者中标概率最大的评标方法。低价中标一直为行业热议，低价中标者也备受质疑。

　　低价压缩了利润空间，容易造成大家不比质量，只比价格低。因此，项目质量水平、可能的安全隐患问题也随之产生。

扫码阅读（20.5 拓展延伸）
标准引领、行业服务、改革创新、绿色低碳

学习情境五

园林工程电算化计价

项目 21　新建造价项目文件

项目导入

党的二十大报告提出"推进新型工业化，加快建设制造强国、质量强国、航天强国、交通强国、网络强国、数字中国"。其中，"数字中国"是数字时代国家信息化发展的新战略，是驱动、引领经济高质量发展的新动力。

工程造价管理作为建筑行业的核心管理领域，数字化经济为工程造价管理带来了新的机遇，也带来了前所未有的挑战。工程造价软件作为工程造价信息化成果，能够有效缩短造价管理的时间，并且提高有效性，实现数字化的数据整理和分析，将造价管理人员从繁重的劳动中解脱出来，使得造价管理的效率大大提升。

目前市面上的造价类软件非常多，类型多样，且不同地区有不同计价软件，但软件的使用原理基本是相通的。需要从业人员具备相关的技术知识和能力，应对数字化发展带来的机遇与挑战。

能力目标和要求

➢　了解常见的计价软件。

➢　熟悉图纸，分析材料的特点和施工要求。

➢　能够新建工程文件，了解计价软件主要功能界面。

21.1　项目情感准备——古往今来话

近年来，随着全球经济的快速发展和科技水平的不断提高，建筑业对于工业化、数字化和绿色化的需求日益增强。这些趋势既有助于提高建筑行业的效率和质量，又有利于推动可持续发展。

了解数字化造价管理的发展情况和新技术等。

扫码获取资料
（21.1 项目情感准备）

1. 根据相关资料整理"数字造价管理"的定义。

_____

_____

2. 列举一款造价云计算软件，并介绍其应用特色。

_____

_____

_____

大国重器：数字孪生技术在园林中的应用

数字孪生是将现实世界中的物体或系统通过数字化手段创建一个虚拟模型，能够反映现实世界的状态和变化，并且可以通过数据分析和预测来指导现实世界的决策和行动。在园林中的应用主要包括园林规划设计、园林施工管理、园林维护管理等方面。

（1）无锡瑞景智慧园林：用于园林管理和规划。通过对重点区域实施可视化监测管控，实现预警、智能规划灾害疏散路线、调控警力及周边资源，有效提升管理效率以及管理者面对突发事件的应急决策能力，最大限度保障安全。

（2）如意湖公园数字孪生系统：用于园林服务和游客体验。包括智能、便捷的游客服务，如智慧灯杆、钢琴步道、垃圾箱、智慧座椅、智慧步道、智慧导览等，这些都可以联动系统实时点击查看设备所在场景及游客游玩的数据。

（3）颐和园博物馆：用于园林教育和展示。例如，颐和园博物馆就使用了数字孪生技术，提供了语音解说、文字描述、近距离 360° 的体验。

21.2　项目知识提炼

任务 21-1　了解数字化造价工具

数字化造价工具是指利用信息技术手段，如 BIM（建筑信息模型）、大数据、云计算等，对工程造价进行高效、准确、便捷的管理工具。这些工具的应用范围广泛，从项目的决策阶段、设计阶段、招标投标阶段、施工阶段到竣工阶段，都有涉及。

对常见的数字造价软件进行分类整理，并整理计价软件的主要功能。

扫码视频学习（21-1.mp4）

表单填写区
1. 对常见的数字造价软件进行分类。

2. 整理计价软件的主要功能。

任务 21-2　熟悉图纸并明确计价依据

熟悉图纸是工程造价工作中非常重要的一步，计价依据是合理确定工程造价的重要基础，因此在实践前必需要整理出图纸中的重要信息，明确开展此项目的计价依据。

根据给定的图纸，进行图纸的整理，并列出该项目的计价依据。

扫码视频学习（21-2.mp4）
获取资料（21-1 资源）

表单填写区
1. 列出本项目的计价依据文件。

2. 根据图纸目录，分别列出该项目的总图部分和详图部分的图名。

总图部分：

详图部分：

任务 21-3　整理材料信息

在进行绿化工程清单编制时，必须掌握植物的属性，如乔木还是灌木、常绿还是落叶，苗木是单株种植还是片植等。

根据图纸信息，列出该项目涉及的植物、铺地形式。

扫码视频学习（21-3.mp4）

表单填写区

1. 乔木
常绿：_____
落叶：_____
2. 草坪
暖季：_____　冷季：_____
3. 灌木
片植：_____　单株：_____
4. 园路
块料：_____　碎料：_____

21.3　项目技能提升

任务 21-4　新建造价项目文件

划分工程类别，新建项目文件。

扫码获取资料
（21-4 资源）

表单填写区

1. 试列出该工程的单项工程名称、单位工程及专业工程。
单项工程名称：_____
单位工程名称：_____
专业工程名称：_____
_____
2. 根据工程类别划分，用计价软件新建项目文件。注意，如单位工程和专业工程设置有误时可以查找【项目结构】栏下的【结构】进行结构设置的修改，并拍照上传结构层次。

任务 21-5　填写工程概况中的工程信息

填写整理工程概况中的工程信息。

扫码获取资料
（21-5 资源）

表单填写区

1. 根据报表打印中的要求，列出哪些工程信息是需要填写的？
_____
2. 参考给定的信息，列出该项目的招标人、造价咨询人。
招标人_____　造价咨询人_____
3. 根据报表打印中的要求，在计价软件中填写工程概况中的工程信息，并拍照上传填写好的工程信息。

知识链接：招投标工作的参与人

1. 招标人、造价咨询人、投标人

招标人：依照《招标投标法》规定提出招标项目、进行招标的法人或者其他组织。招标人一般都是项目的业主，也就是项目的所有人或项目法人。招标人通常是一家单位。

造价咨询人：即招标代理机构，是依法设立、从事招标代理业务并提供相关服务的社会中介组织，是受招标人的委托，代理招标人办理招标工作的中介机构。招标代理机构是非必需的，如果招标人具有编制招标文件和组织评标的能力，可以自行办理招标事宜，不用通过招标代理机构。

投标人：是以中标为目的响应招标、参与竞争的法人或其他组织，是工程任务的接受方，通过完成施工任务获取收入。投标人是 3 家及以上的单位参与才有效。

2. 企业和法人

投标人可以指投标单位；投标人代表是指投标单位的负责人，也可以理解为委托代理人和法定代表人。

任务 21-6　编写清单编制说明

| 根据材料、结合图纸，编写工程量清单编制说明。

扫码获取资料（21-6 资源） | 表单填写区
1. 根据材料整理清单编制说明中的主要内容。
建设规模：_____
计划工期：_____
施工现场实际情况：_____
自然地理条件：_____
工程招标范围：_____
2. 参考招标文件清单编制说明，在计价软件中完善修改补充清单编制说明，注意编制时间应以当地近期为宜，并拍照上传编制说明部分。 |

知识链接：招标人编制的工程量清单应在编制说明中明确的内容

编制说明是要写清楚清单的编制依据，然后还有一些工程量计算上的需要说明的内容，主要目的就是为了让其他人看明白你的清单编制中一些不太常规的内容。

比如图纸有些地方不是很明确，但需要在清单中编制的。例如一些地砖面层，图纸上通常都只是写上地砖，而对于规格不会做出说明，而在清单中就要确定地砖的大小；比如甲供材料种类、有暂估价的都要说明。另外，一些图纸上包含但在清单中没有计算的部分，或者对图纸进行改变的部分，都要说明。

以《浙江省建设工程计价规则》2018 版为例，其标准（示范）格式中，工程量清单说明中应明确的内容有：

（1）工程概况：建设规模、工程特征、计划工期、施工现场实际情况、自然地理条件、环境保护要求等。

其中，环境保护要求是施工噪声及材料运输可能对周围环境造成的影响和污染所提出的防护要求。

（2）工程招标和专业工程发包范围。

（3）工程量清单编制依据。

（4）工程质量、材料、施工等特殊要求。

（5）其他需要说明的问题。

21.4   小结与提升——书今之所悟

1. 总结新建造价项目文件时的注意要点和易错点。

_____

_____

2. 目前在施工图设计中普遍存在着施工图的深度和内容不统一、设计不规范等问题，严重影响了园林施工的效率以及质量，结合自身讨论园林施工图绘制时的常见错误。

_____

_____

21.5   拓展延伸

"神舟十二号"飞船载人飞行任务的成功，标志着我国载人航天工程取得巨大成就，这也得益于数字孪生等一系列先进技术的支持。数字孪生技术（digital twin）源起于航空航天领域，用于处理飞行器的健康维护问题，现如今已广泛应用于多个领域。

扫码阅读（21.5 拓展延伸）
标准引领、行业服务、改革创新、绿色低碳

21.6   项目评分表

项目 21   新建造价项目文件（操作评分表）

序号	任务点	标准分	得分
一	纸质任务单	50	
二	软件操作评分明细	50	
1	任务 21-4 新建造价项目文件	10	
2	任务 21-5 填写工程概况中的工程信息	15	
3	任务 21-6 编写清单编制说明	15	
	速度赋分、团队完成率	10	
三 加分	任务反思、讨论、课堂表现（师评后自行整理自查订正点，并进行标注）	1 ~ 10	
	合计	100	

课堂笔记

项目 22　编制园林工程工程量清单

项目导入

招标工程量清单是指招标人依据国家标准、招标文件、设计文件以及施工现场实际情况编制的，随招标文件发布供投标报价的工程量清单。

招标工程量清单是工程量清单计价的基础，应作为编制招标控制价、投标报价、计算工程量、工程索赔等的依据之一。

清单工程量的计算可以采用电算或手算的方法。造价咨询公司一般采用电算，建设单位采用手算。算量软件是非常重要的工具，它可以帮助工程师快速准确地计算出所需的工程量，如计算建筑物的总体积、建筑物的各种材料用量、建筑物的各种构件的数量。

对园林来说，园林景观工程中土建土方、钢筋部分、安装管道部分、路灯电气部分、园路部分的算量，可以采用土建计量软件、安装算量软件、市政算量软件分别进行识别或绘制计算；而同时，园林里面的道路常常是不规则的，再加上树木与其他不规则图形等，采用手工+CAD 软件进行算量相对来说更合适。

能力目标和要求

➢　了解工程量清单计算原则和计算步骤。

➢　掌握用 CAD 软件进行工程计量的方法。

➢　掌握电子清单项目特征的填写方法。

22.1　项目情感准备——古往今来话

工程量清单计算原则是确保工程量清单编制准确、合理的重要基础。了解计价原则，可以确保工程量清单的编制更加科学、合理，为项目的规划、设计、建造和管理提供强有力的支撑。

整理工程量清单计算原则。

扫码获取资料
（22.1 项目情感准备）

1. 根据材料整理工程量清单计算原则。

_____

_____

_____

_____

2. 工程量计算时应该有什么样的职业素质？

_____

_____

_____

_____

中国故事：工程造价学科的缔造者——徐大图

徐大图这个名字大家可能听起来有些陌生，但他可是在我国造价史上留下了浓墨重彩的一笔，是我国造价学科的里程碑式人物。他曾担任天津理工学院院长，主导工程造价专业的建设与发展。在他的领导下，中国的工程造价学科得到了发展和完善，他也因此被誉为工程造价学科的缔造者。

在那个年代，行业里没有统一的规范流程，正是徐大图教授出版的《建设工程造价管理》等诸多著作，奠定了造价行业的基本框架结构，确定了基本的发展模式。徐大图先生可以说是一生都在为造价行业的发展、为祖国建设的发展劳心劳力，最终晕倒在会议桌上一病不起，1998 年被病魔缠绕一年后溘然离世。

建筑行业是一本很厚的"历史书"，我们现在之所以能有这么多系统的知识都是因为前人的探索。不为一时困难所抱怨，致敬先人，砥砺前行，才是我们新青年应有之风气！

22.2　项目知识提炼

任务 22-1　整理 CAD 统计命令

园林绿地的工程量计算相对土建来说简单，可以通过 CAD 的测量工具，如面积测量、长度测量、块统计命令等，进行工程量的统计和计算。

整理 CAD 统计面积、块等统计命令。

扫码视频学习（22-1.mp4）

表单填写区

1. 整理 CAD 统计面积的方法有哪些？并列出其计算命令。

_____

_____

2. 整理块统计方法有哪些？列出其计算命令和主要步骤。

_____

_____

_____

22.3　项目技能提升

任务 22-2　编制绿化部分工程量清单

填写绿化部分工程量计算方法，并完成绿化部分清单的编制。

表单填写区

1. 平整场地面积应如何计算？填写计算命令、计算步骤、计算数据。

_____

_____

2. 哪些植物要计算草绳绕树干和支撑的工作量？

_____

_____

3. 根据图纸信息，在计价软件中编制绿化部分清单（含技术措施，并拍照上传该部分的所有照片）。

任务 22-3　编制景观部分工程量清单

填写景观部分工程量计算方法，编制园路工程及假山工程工程量清单。

表单填写区

1. 填写下列园路工程的清单工程量和计算式。

（1）卵石路（含路长 CAD 量取方法）：＿＿＿＿＿＿＿＿＿

＿＿＿＿＿＿＿＿＿＿＿＿＿＿＿＿＿＿＿＿＿＿＿＿＿＿＿＿＿

（2）侧石：＿＿＿＿＿＿＿＿＿＿＿＿＿＿＿＿＿＿＿＿

（3）木平台：＿＿＿＿＿＿＿＿＿＿＿＿＿＿＿＿＿＿

（4）汀步：＿＿＿＿＿＿＿＿＿＿＿＿＿＿＿＿＿＿＿

2. 填写下列假山工程的清单工程量和计算式。

（1）堆假山：＿＿＿＿＿＿＿＿＿＿＿＿＿＿＿＿＿

（2）置石（4 项）：＿＿＿＿＿＿＿＿＿＿＿＿＿＿＿

3. 根据图纸信息，在计价软件中编制景观部分清单，并拍照上传该部分的所有照片。

22.4　小结与提升——书今之所悟

1. 总结绿化部分电算化清单工程量编制时的注意要点和易错点。

2. 总结景观部分电算化清单工程量编制时的注意要点和易错点。

22.5　拓展延伸

徐大图先生大智若愚，重度近视眼镜后的眼神若即若离，实则聪明绝顶。像胡适说的：凡是成大气候的人必绝顶聪明，并且下得笨拙功夫。徐大图先生就是这种人，他为本科生、研究生、函授生、专科生上过无数课，教材已经记得滚瓜烂熟，但还是天天备课。他夏天舍不得开空调，穿着大白背心和大裤衩在电扇前备课的场景经常出现在尹先生的脑海里。铭记挖井之恩——徐大图先生与工程造价学科建设。

扫码阅读（22.5 拓展延伸）
标准引领、行业服务、改革创新、绿色低碳

22.6　项目评分表

项目 22　编制园林工程工程量清单（操作评分表）

序号	任务点	标准分	得分
一	纸质任务单	50	
二	软件操作评分明细	50	
1	任务 22-2　编制绿化部分工程量清单（实体项目）	15	
2	任务 22-2　编制绿化部分工程量清单（技术措施）	5	
3	任务 22-3　编制景观部分工程量清单（园路）	15	
4	任务 22-3　编制景观部分工程量清单（假山）	5	
	速度赋分、团队完成率	10	
三	任务反思、讨论、课堂表现（师评后自行整理自查订正点，并进行标注）	1～10	
	合计	100	

项目 23   编制绿化部分招标控制价

项目导入

按照现行国家标准《建设工程工程量清单计价标准》的规定，依法必须招标的建设工程项目，必须实行工程量清单招标，并编制招标控制限价（招标最高限价也叫"拦标价"）。

招标人在工程造价控制目标的限额范围内设置的招标控制价，一般应包括总价及分部分项工程费、措施项目费、其他项目费、增值税，用以控制工程建设项目的合同价格。

编制招标控制价的依据为省级造价管理部门颁发的《工程量清单计价规则》。招标控制价随招标文件一起发布。

能力目标和要求

➢ 掌握计价软件编制招标控制价编制说明的方法。
➢ 掌握计价软件对绿化部分定额进行套取和换算的方法。
➢ 掌握绿化部分计价用工程量的计算方法。

23.1   项目情感准备——书今之所悟

除了套取定额外，编制园林工程招标控制价还需要一些技巧，了解招标控制价编制时的注意事项。

整理工程量计算工具和园林工程招标控制价技巧。

扫码获取资料
（23.1 项目情感准备）

1. 介绍工程量计算工具，并简单分析其优缺点。

_____

_____

_____

_____

2. 简述园林工程招标控制价编制技巧。

_____

_____

_____

_____

_____

23.2   项目知识提炼

任务 23-1   整理计算绿化部分计价用工程量

计价用工程量，即以施工方案规定的施工过程为对象的预算项目工程量，即采用定额计价原理进行工程量的计算。

表单填写区

1. 分别列出各苗木主材的损耗率以及各植物的主材计价用工程量。

_____

_____

_____

2. 任选其中一种植物，分别列出其计量单位、计量用工程量、计价用工程量（含单位）：

植物名称：_____　清单计量单位：_____计量用

工程量：_____

栽植：_____　养护：_____　主材：_____

根据植物材料计算计价用工程量。

23.3　项目技能提升

任务 23-2　编写控制价清单编制说明

控制价清单编制是工程项目预算和成本控制的重要环节，而控制价的清单编制说明则对编制的依据、费率的选取方面进行规定。

根据材料、结合图纸，编写招标控制价清单编制说明。

表单填写区

1. 根据材料整理控制价编制说明中的主要内容。

有关价格的取定及计算方法：_____

_____

_____

_____

有关费率的取定及计算方法：_____

_____

_____

_____

2. 参考招标文件清单编制说明，在计价软件中完善修改补充控制价编制说明，并拍照上传控制价编制部分。

知识链接：各阶段编制的计价文件应在编制说明中明确的内容

招标清单编制说明是给甲方看的也是给施工方看的，而招标控制价编制说明主要是给甲方看的。甲方看看编制的范围、依据等是否存在偏差，施工方看看是否作为报价的一种依据。

招标控制价编制说明是招标控制价编制人组价思想的解释，清单编制说明是投标方报价的组价原则说明。招标控制价编制说明在前，投标报价时间顺序在后。要特别关注招标控制价编制说明的组价依据是否合理，如人、材、机按信息价考虑，市场能否真正按信息单价购买到劳动力、材料等商品。

以《浙江省建设工程计价规则》2018 版为例，其标准（示范）格式中指出计价文件应在编制说明中明确：

（1）工程概况：建设规模、工程特征、合同工期、实际工期、施工现场及变化情况、施工组织设计特点、自然地理条件、环境保护要求等。

（2）编制依据。

（3）工程计价、计税方法。

（4）有关计价标准（费率、价格）的取定及计算方法。

（5）有关计价内容列项、计量需要说明的问题。

（6）其他需要说明的问题。

任务 23-3　编制绿化部分招标控制价

绿化部分招标控制价计算需要填写相应的分部分项工程量清单与计价表及施工技术措施项目清单与计价表。填写时要注意绿化的计价用工程量与计量用工程量之间的关系。

编制绿化部分招标控制价。

表单填写区

1. 列出哪几种植物主材需要自行添加并调整消耗量，哪些需要修改其名称。

_____

_____

_____

2. 根据已经编制好的清单，在计价软件中完成定额套用（含技术措施），拍照上传绿化部分控制价的填写。

23.4　小结与提升——书今之所悟

总结绿化部分招标控制价编制时的注意要点和易错点。

_____

_____

_____

_____

_____

23.5　拓展延伸

　　一个行业总有那么一些重要的人、物和事件应该被记录下来，如工程咨询行业的何伯森先生、丁士昭先生、徐大图先生、尹贻林先生、朱树英先生、李治平先生、徐绳墨先生等，他们对行业发展的重大贡献理应让这个行业的后人看到并感谢，博物馆建立了"工程咨询名人堂"来纪念他们的贡献，还有很多重大工程的咨询报告，如三峡工程、鲁布革工程中咨询公司起到了什么样的作用，人们都可以从馆藏的资料中找到，这就是中国工程咨询博物馆承担的记录者和传播者的使命！

扫码阅读（23.5 拓展材料）
标准引领、行业服务、改革创新、绿色低碳

23.6　项目评分表

项目 23　编制绿化部分招标控制价（操作评分表）

序号	任务点	标准分	得分
一	纸质任务单	50	
二	软件操作评分明细	50	
1	任务 23-2 编写控制价清单编制说明	10	
2	任务 23-3 编制绿化部分招标控制价（实体部分）	25	
3	任务 23-3 编制绿化部分招标控制价（技术措施）	5	
	速度赋分、团队完成率	10	
三 加分	任务反思、讨论、课堂表现（师评后自行整理自查订正点，并进行标注）	1～10	
	合计	100	

项目 24　编制景观部分招标控制价

项目导入

计价软件是一种用于帮助用户进行价格计算和管理的软件，它可以大大提高工作效率，减少人为错误。然而，像所有软件一样，计价软件也存在一些弊端，如数据更新滞后、操作复杂性、系统不稳定、依赖性强、隐私和安全及兼容性和集成性等问题。

虽然这些问题可能会给用户带来一些困扰，但随着技术的不断进步，相信未来会有更多的解决方案来解决这些问题。

作为一个造价人，应当学会正确使用软件，并及时更新软件以获取最新的功能和技术升级。同时，在使用过程中应该积累专业实践经验，一旦发现问题能够迅速采取措施进行解决。如果问题较为复杂，建议联系软件的技术支持部门寻求帮助。通过不断学习和实践，用户可以更加高效地使用计价软件，减少因软件问题带来的不便。

能力目标和要求

➢　掌握计价软件对景观部分定额进行的套取和换算的方法。
➢　掌握景观部分计价用工程量的计算方法。

24.1　项目情感准备——古往今来话

计价软件是一种用于帮助用户进行价格计算和管理的软件，它可以大大提高工作效率，减少人为错误。然而，像所有软件一样，计价软件也存在一些弊端。如何在实践中解决软件中出现的问题，就十分重要。

分析计价软件的弊端，并整理解决策略。

扫码获取资料
（24.1 项目情感准备）

1.　分析计价软件的弊端。

_____

_____

_____

_____

2.　你在软件操作中是否有出现系统不稳定的情况，结合实际情况，列出解决方式。

_____

_____

_____

_____

_____

_____

24.2　项目知识提炼

任务 24-1　整理计算景观部分计价用工程量

景观部分计价用工程量，即采用定额计价的工程量计算规则计算出园路、假山等对应的工程量。经过计算后，可以得出该清单的综合单价。

根据园路、假山信息计算计价用工程量。

扫码视频学习（24-1.mp4）

表单填写区

1. 卵石路面：分别列出其计量单位、计量用工程量、计价用工程量（含单位），以及计算式。

清单计量单位：＿＿＿＿＿＿＿＿＿计量用工程量：＿＿＿＿＿＿＿＿

（1）路床：＿＿＿＿＿；＿＿＿＿＿；＿＿＿＿＿＿

（2）碎石垫层：＿＿＿＿；＿＿＿＿＿；＿＿＿＿＿＿

（3）混凝土垫层：＿＿＿＿；＿＿＿＿＿；＿＿＿＿＿＿

（4）面层：＿＿＿＿＿；＿＿＿＿＿；＿＿＿＿＿＿

2. 木平台，分别列出其计量单位、计量用工程量、计价用工程量（含单位），以及计算式。

清单计量单位：＿＿＿＿＿＿＿＿＿计量用工程量：＿＿＿＿＿＿＿＿

（1）路床：＿＿＿＿＿；＿＿＿＿＿；＿＿＿＿＿＿

（2）碎石垫层：＿＿＿＿；＿＿＿＿＿；＿＿＿＿＿＿

（3）混凝土垫层：＿＿＿＿；＿＿＿＿＿；＿＿＿＿＿＿

（4）面层：＿＿＿＿＿；＿＿＿＿＿；＿＿＿＿＿＿

3. 任选置石一项，分别列出其计量单位、计量用工程量、计价用工程量（含单位），以及计算式。

置石名称：＿＿＿＿＿＿＿＿＿清单计量单位：＿＿＿＿＿＿＿

计量用工程量：＿＿＿＿＿＿＿＿计价用工程量：＿＿＿＿＿＿＿

计算式：＿＿＿＿＿＿＿＿＿＿

24.3　项目技能提升

任务 24-2　换算园路部分定额

园路部分的定额中的混凝土规格、沙浆材料配合比，以及面层等，常常会与实际不同，需要注意进行换算。

当工程实际中的材料与定额不符时应进行定额的换算，根据软件实操情况列出应换算的园路定额，并在软件上进行换算。

表单填写区

1. 卵石路面

（1）填写需要换算的定额编号，并列出换算类型（主材、人工系数调整等）。

＿＿＿＿＿＿＿＿＿＿＿＿＿＿＿＿＿＿＿＿＿＿

＿＿＿＿＿＿＿＿＿＿＿＿＿＿＿＿＿＿＿＿＿＿

（2）以其中一条定额换算为例，用手工换算的方法进行复核，列出计算式。

＿＿＿＿＿＿＿＿＿＿＿＿＿＿＿＿＿＿＿＿＿＿

＿＿＿＿＿＿＿＿＿＿＿＿＿＿＿＿＿＿＿＿＿＿

2. 木平台

填写需要换算的定额编号，并列出换算类型。

_____

_____

3. 侧石

（1）列出暂估材料。

_____

（2）填写需要换算的定额编号，并列出换算类型。

_____

_____

4. 在计价软件上，进行园路部分的定额换算，并打开对应的定额明细拍照。

任务 24-3　编写补充清单及补充定额

在建设工程的清单编制中，补充清单项目的编码编制是一个重要的环节，补充项目的编码由附录的顺序码与"B"和三位阿拉伯数字组成，并应从"×B001"起顺序编制，同一招标工程的项目不得重码。补充定额是在原有定额基础上，针对特定情况或新材料、新工艺编制的定额。

当没有与清单或定额一致或不方便计算时，可以采用补充清单或定额，对铺汀步进行补充清单和定额。

表单填写区

1. 补充清单

编码：_____　项目名称：_____　项目特征描述：_____

单位：_____　工程量：_____　综合单价：_____

2. 补充定额

编码：_____　项目名称：_____

单位：_____　工程量：_____　基价：_____

3. 列出暂估材料

_____

4. 在计价软件上，补充相关的定额及清单，并打开对应的定额明细拍照。

知识链接：定额子目的补充

当工程内容与定额的特征相差甚远，既不能直接套用也不能换算调整时，则必须编制补充定额，编制补充定额应按照定额编制原则、步骤和方法，对分部分项工程内容实际发生的人工工日、材料、机械台班等要素消耗进行测定计算，编制后以此作为计价标准。

补充定额的编制程序要合规有效。补充定额可以由建设单位、施工单位会同工程造价管理部门进行测定编制，须由工程造价管理部门备案。施工单位往往自行编制补充定额就在工程造价中使用，其编制审定程序不符合相关规定。因此，这样的补充定额不能成为约束建设各方的尺度，不具备有效性。

补充定额的编制必须符合定额编制原则、步骤及相应的测定方法，必须是在实践的基础上对施工内容的准确反映，许多单位的补充定额仅仅依照相类似工程预算定额进行测算，想当然地确定各种要素的消耗标准，这样的补充定额同样也不具备有效性。

24.4　小结与提升——书今之所悟

1. 总结景观部分电算化清单工程量编制时的注意要点和易错点。

_____

_____

_____

2. 造价软件价格比较高，而社会上出现了一些破解版，价格比较低，分析是否可以采用这些软件，并列出使用其产生的危害。

_____

_____

_____

_____

24.5　拓展延伸

造价盗版加密狗是指那些用于破解建筑行业软件（如广联达、同望公路工程造价管理预算软件等）的加密狗，这些软件通常用于计算工程量和造价，并受到版权法保护。盗版加密狗通过模拟正版软件的加密机制，允许未经授权的用户使用这些软件，从而侵犯了软件开发者的著作权。这类加密狗可能会在网络上以低价销售，诱导用户购买使用。然而，这种行为不仅是违法的，而且会给用户带来潜在的法律风险和安全问题。

扫码阅读（24.5拓展延伸）
标准引领、行业服务、改革
创新、绿色低碳

24.6　项目评分表

项目24　编制景观部分招标控制价（操作评分表）

序号	任务点	标准分	得分
一	纸质任务单	50	
二	软件操作评分明细	50	
1	编制景观部分招标控制价（园路）	30	
2	编制景观部分招标控制价（假山）	10	
	速度赋分、团队完成率	10	
三 加分	任务反思、讨论、课堂表现（师评后自行整理自查订正点，并进行标注）	1~10	
	合计	100	

项目 25　查找信息价和市场价

项目导入

做完定额套用后，最后一个环节就是调价，那定额单价、信息价、市场价怎么区分？

定额单价、信息价和市场价三者之间存在密切的联系和明显的区别。定额单价来源于官方的造价定额，信息价来源于政府或授权机构的调研和计算，市场价来源于市场交易双方的实际成交价格。

定额单价、信息价和市场价各有特点和应用场景，它们在工程造价管理和市场交易中扮演着各自独特的角色。在实际的工程造价管理中，定额单价作为基础价格，确保了工程预算的合理性和规范性。信息价则在定额单价的基础上提供了市场化的价格参考，使得工程造价更能贴近市场行情。市场价虽然不具强制性，但在缺乏信息价的情况下，可以作为重要的价格参考。三者共同构成了工程造价的动态调整机制，影响了工程预算的准确性和市场竞争力。在实际应用中，需要根据具体的用途和要求选择合适的价格依据。

能力目标和要求

➢　掌握查找信息价和市场价的方法。

➢　能用软件进行价格的调整。

➢　能编制其他费用项目。

➢　能设置项目的组织措施费费率等。

25.1　项目情感准备——古往今来话

在建设工程施工合同中，约定材料价格不调整通常意味着在合同履行过程中，无论市场材料价格如何变动，合同双方都应按照合同中约定的价格执行，除非合同中另有明确约定或法律、司法解释有特别规定。在合同中材料价格等特殊情况下，可能会根据公平原则进行判断，并可能支持价格调整。

了解价格调整方面的法律规定。

扫码获取资料
（25.1 项目情感准备）

1．合同约定材料价格不调整是否是绝对不可以调整的？如可以调整的话，有哪些特殊情况？

_____

_____

2．查找有关价格调整方面的案例，并分析其结果和调价理由。

_____

_____

_____

_____

_____

知识链接：定额单价，信息价，市场价

（1）定额单价：就是预算价，是指定额编制的时候设置的材料人工单价。定额单价可以说是定死的、不变动的。举个例子：1998 年的可乐、1998 年的价格；2018 年的定额，2018 年的价格。

（2）信息价：是指当地造价机构定期发布的材料人工单价参考价，作为投标报价的依据；是定额发布价格指导，即最新官方更新价格。举个例子：可乐现在的官方指导价格、浙江省造价站的每月一期信息价。

（3）市场价：是指当地造价机构定期发布或者是材料商询价而来的材料人工单价市场价，也是投标报价的依据；自己投标时的自主价格，即供应商提供的价格。举个例子：1998 年的可乐现在想卖的价格。

25.2　项目知识提炼

任务 25-1　区分定额单价、信息价、市场价

在建筑和工程领域，定额单价、信息价和市场价是三个重要的概念，在建筑和工程领域各有其独特的地位和作用，它们共同构成了工程造价体系的基础。在实际应用中，需要根据具体情况合理选用这些价格，以确保工程造价的准确性和合理性。

理解定额单价、信息价、市场价的相关概念，并能进行相应价格的查找。

扫码视频学习（25-1.mp4）

表单填写区
1. 概括总结定额单价、信息价、市场价的相互关系。

_____

_____

2. 自行选定某个建筑材料，查找对应的定额单价、信息价、市场价。

（1）材料名称：_____

（2）定额单价（2010 版和 2018 版定额）：_____

（3）信息价（本地区，近一个月内，标明来源）：

_____

（4）市场价（近一个月内，列出计算方法或算式）：

_____

25.3　项目技能提升

任务 25-2　调整绿化部分价格

调整苗木价格是一个复杂的过程，需要综合考虑多个因素。要根据苗木的胸径、冠围、长势等特征，结定定额单价、信息价等进行确定。

表单填写区

1. 列出哪些植物需要查找市场价（信息价找不到的植物）。

_____

_____

2. 人工和机械中哪些为主材，需要勾选？

_____

_____

3. 在人材机明细表中哪些材料和机械不需要调价？

_____

_____

4. 在计价软件上，进行绿化部分价格调价，并拍照上传调价后的页面。

查找指定时间当地信息价，在造价软件上进行绿化部分价格调整。

任务 25-3   调整景观部分价格

景观部分的材料费，如面层材料、水泥、混凝土等主材价格对于定额来说变动会比较多；此外，人工费和机械费也是需要调整的对象。

表单填写区

1. 列出机上人工应该选哪一类人工：_____

2. 人材机中哪些为主材，需要勾选：_____

_____

3. 列出哪些材料为半成品：_____

_____

4. 列出哪些材料、机械无需调整（不含半成品）：_____

_____

5. 列出哪些材料为暂估材料，需要勾选：

_____

6. 在计价软件上，进行景观部分价格调整，并拍照上传调价后的页面。

查找指定时间当地信息价，进行景观部分价格调整。

任务 25-4　编写其他项目费用

暂列金额、暂估价等其他项目费用也是工程造价的组成部分，填写时要注意他们的填写方式和注意事项，并注意与控制价说明对应。

在软件中，完成项目费用的填写。

表单填写区

1. 列出该项目哪些项目费用需要填写。

_____

_____

_____

2. 列出其他项目费用的总金额：_____

3. 在控制价编制说明中将涉及项目费用方面的说明列出：

_____

_____

4. 在计价软件上，填写项目其他费用，并拍照上传调价后的页面。

25.4　小结与提升——书令之所悟

1. 总结信息价、市场价查找时的注意要点和易错点。

_____

_____

2. 在投标中企业如何进行材料价格的询价，确定其投标价格？

_____

_____

25.5　拓展延伸

中国建设工程法律体系自新中国成立以来经历了多次重要的变革和发展，这些变革反映了国家对建设工程领域监管方式的改变，体现了法律制度逐渐完善的过程，以及对建筑行业规范化、专业化发展的引导。

扫码阅读（25.5 拓展延伸）
标准引领、行业服务、改革创新、绿色低碳

25.6 项目评分表

项目 25 查找信息价和市场价（操作评分表）

序号	任务点	标准分	得分
一	纸质任务单	50	
二	软件操作评分明细	50	
1	任务 25-2 调整绿化部分价格	30	
2	任务 25-3 调整景观部分价格		
3	任务 25-4 编写其他项目费用	10	
	速度赋分、团队完成率	10	
三 加分	任务反思、讨论、课堂表现（师评后自行整理自查订正点，并进行标注）	1～10	
	合计	100	

项目 26   检查、打印报表与总结

项目导入

工程造价审计是指对建设项目全部成本的真实性、合法性进行的审查和评价。它的目的是检查工程价格结算与实际完成的投资额的真实性、合法性，以及是否存在虚列工程、套取资金、弄虚作假、高估冒算的行为等。

工程造价审计主要包括设计概算、施工图预算、竣工决算的审计，审计方法包括全面审计法、标准图审计法、分组计算审计法等。

工程造价审计可以解决造价管理问题，而施工前、中、后的控制、核算、结算都是为了工程造价审计服务。真实合法地开展工程造价审计工作也是防止腐败的必要手段，因此在工程建设过程中对建筑安装工程费用进行造价审计至关重要。

能力目标和要求

➤ 掌握报表自检方法，并解决出现的问题。

➤ 能根据要求选择报表并打印成果。

➤ 能对整个实训项目进行总结提升。

26.1   项目情感准备——古往今来话

工程造价审计是指对建设工程的造价进行合理确定的审计活动，它是投资主体、施工企业、建设工程造价管理部门共同关注的焦点。

了解工程造价审计流程和方法。

扫码获取资料
（26.1 项目情感准备）

1. 工程造价审计工作一般从哪几个方面展开？

_____

_____

2. 工程造价审计方法有哪些？

_____

_____

_____

3. 请从造价审计人员的角度，分析如何进行施工图预算的审计。

_____

_____

_____

4. 请从造价审计人员的角度，分析如何降低造价审计时的风险。

_____

_____

_____

_____

26.2　项目知识提炼

任务 26-1　整理需要导出的成果

　　计价软件会自动显示各种预算报表供打印，省去工程造价人员根据预算成果编制报表的时间，使工程造价人员能腾出更多的时间来检查软件计算工程量和费用计取的正确性。但同时造价人员应针对不含价清单和含价的招标控制价的要求导出不同的报表。

整理需要导出的报表。

扫码视频学习（26-1.mp4）

表单填写区

　　1. 根据报表导出选项，导出清单不含价（工程量清单）时必须要导出哪些报表？

_____

_____

_____

_____

_____

　　2. 根据报表导出选项，导出清单含价时（招标控制价）时需要比导出清单不含价时多导出哪些报表？

_____

_____

_____

_____

26.3　项目技能提升

任务 26-2　自检报表解决问题

　　造价软件可以帮助你查找出做的文件本身的问题，例如清单编码重复、相同清单单价不一、漏组价等，需要针对软件给出的提示进行调整。但一些工程量计算的错误则需要造价人员自行检查。

在计价软件中利用自检工具进行报表检查，并完成表单填写。

表单填写区

　　1. 列出报表自检时的错误，并列出解决方法（一一对应列出）。

（1）_____

_____

（2）_____

_____

（3）_____

_____

（4）_____

_____

（5）_____

_____

　　2. 拍照上传自检得分。

任务 26-3　导出报表检查成果

导出报表，检查成果。

表单填写区

1. 检查报表是否有缺失找出缺失的内容，并对缺失内容填写修改方法。

（1）_____

_____

（2）_____

_____

（3）_____

_____

（4）_____

_____

2. 拍照上传勾选的报表，包括清单不含价和清单含价两个部分。

26.4　小结与提升——书今之所悟

下载实训报告模板，并完成实训报告。

扫码并在讨论区
填写交流

1. 在整个实训项目过程中还有哪些不清楚或未掌握的操作技能？

_____

_____

_____

_____

2. 如果编制的是投标文件，在软件操作上与招标控制价编制时有哪些不同之处？

_____

_____

_____

_____

_____

_____

_____

_____

_____

_____

26.5   拓展延伸

为促进浙江省造价行业高质量发展，历经数月的筹划、拍摄和后期制作，首部全省性行业微电影《造就价值》温情发布。

微电影以女主人公成才、成长的经历，揭示了造价行业的现状，体现了造价工程师的苦辣酸甜，关注默默耕耘、承受巨大压力的造价从业者。通过"初心、砥砺、破浪"三个片段，展现了造价人的曲折历程和辛勤付出，为国家和业主节约成本、挽回损失，直观地体现出造价咨询的重要性，展示了行业风采并提升了行业影响力。

扫码阅读（26.5 拓展延伸）
标准引领、行业服务、改革创新、绿色低碳

26.6   项目评分表

项目 26   检查、打印报表与总结（操作评分表）

序号	任务点	标准分	得分
一	纸质任务单	50	
二	软件操作评分明细	50	
1	任务 26-2 自检报表解决问题（以软件显示的得分计取）	20	
2	任务 26-3 导出报表检查成果（截取勾选的报表页面，清单不含价）	10	
3	任务 26-3 导出报表检查成果（截取勾选的报表页面，清单含价）	10	
	速度赋分、团队完成率	10	
三 加分	任务反思、讨论、课堂表现（师评后自行整理自查订正点，并进行标注）	1 ~ 10	
	合计	100	

学习情境六

模拟工程招标书编制实训

项目 27 组建团队及信息整理

项目导入

一个招投标团队的组建需要哪些证件组成并具有哪些资质要求？一个建设项目的招投标会经过哪些环节？一个项目的招标文件是由哪些部分组成，里面有哪些关键信息？完成本项目如何进行团队分工、如何检测团队合作的效率？

以"温州科技职业学院三期工程（北校区）室外附属及景观绿化工程"项目为载体，模拟在招标策划阶段组建招标代理机构，接受甲方委托完成"温州科技职业学院三期工程（北校区）室外附属及景观绿化工程"的招标文件（含招标公告）、工程量清单及清单报价的编制。

能力目标和要求

➢ 了解组建招标代理公司的流程和相应的文件。

➢ 了解招标文件的发布渠道及形式。

➢ 了解招标代理公司的业务职责。

➢ 掌握工程项目划分的方法，并对该项目进行项目划分。

➢ 能够与团队成员密切合作、有效沟通，能够互相配合展示项目实施成果。

27.1 项目情感准备

——古往今来话

招标参与人包括招标人、投标人、招标代理机构、评标委员会成员、监督管理部门，以及设计单位、监理单位、金融机构等，这些参与人也会进行评价，以保证招投标活动的正常展开。

了解招标参与人的关系和相关的工作。

扫码获取资料
（27.1 项目情感准备）

1. 招标人和招标代理机构是什么关系？

_____

_____

2. 招标代理机构在招投标中负责的工作内容有哪些？

_____

_____

3. 查找当地的招标代理机构扣分制度，列出其管理办法，如以《温州市公共资源交易平台招标代理机构场内执业行为评价办法》为例，整理招标代理机构评价的内容和分值组成（含分项）。

_____

_____

4. 在当地的公共资源交易平台或以温州公共资源交易平台为例，查找招标代理机构评价扣分公示情况，列出扣分较多的扣分原因 5 项。

_____

_____

_____

_____

27.2 项目知识提炼

任务 27-1 了解工程造价咨询企业资质

工程造价咨询资质有着规范市场秩序、保障服务质量、促进公平竞争、引导行业健康发展、优化资源配置、促进技术创新与应用等作用。但随着简政放权的政策出台，一些资质也相应地取消了。

了解工程造价咨询相关资质。

扫码视频学习（27-1.mp4）
获取资料（27-1 资源）

表单填写区

1. 什么是工程造价咨询资质？分为哪几个级别？
_____

2. 分析工程造价资质取消后，没有造价企业资质这一门槛带来的机遇与挑战。
_____
_____
_____
_____

任务 27-2 整理信息查找渠道

招标信息可通过政府网站、招标代理机构、媒体广告、行业协会、在线平台、社交媒体、直接联系、订阅服务、移动 App 和行业活动等多种途径获得。需关注信息的准确性和合法性，注意报名截止日期和投标要求。

了解信息查找渠道，并列出相关的招标信息查找渠道。

扫码视频学习（27-2.mp4）
获取资料（27-2 资源）

表单填写区

1. 查找财政部指定的政府采购网站，分析"温州科技职业学院三期工程（北校区）室外附属及景观绿化工程"在服务采购品目下的编码与名称。
_____
_____

2. 在财政部指定的政府采购网站上，如何查找建设项目招投标的相关信息，列出查找路径，并列出其中近期一项建设项目招标工程的名称和项目编号。
_____
_____
_____

3. 查找全国公共资源交易平台，填写其网址：_____
_____

同时在此平台上查找当地近三天的建设类项目的招标公告，列出数量：_____

4. 查找本地公共资源交易平台，填写其网址：_____
_____

任务 27-3　了解招投标流程

　　招投标是一种重要的市场竞争机制，它涉及多个环节，包括准备、发布招标公告、资格预审、招标文件的编制与发售、投标文件的编制与递交、开标、评标、定标等多个步骤。

了解整理招投标方面的知识。

扫码视频学习（27-3.mp4）
获取资料（27-3 资源）

表单填写区

1. 整理并绘制招投标流程图，并圈出招标代理人参与的阶段或工作。

2. 投标保证金设置多少较为合适？

_____

3. 什么是联合体？ _____

知识链接：中标后，中标供应商可以拒签合同吗？

　　对于投标人来说什么最重要？当然是顺利中标了！

　　但在实际的招投标工作中，供应商中标后又反悔、拒签合同的现象屡见不鲜。

　　近日，佛山市顺德区财政局公布了一则供应商中标后无正当理由拒不与采购人签订政府采购合同的案例分析。

案例概要

　　中标供应商 A 表示因对招标文件的报价中的"下浮系数"理解错误而放弃中标资格，拒绝与采购人签订政府采购合同。

案例分析及处理结果

　　财政部门经核实后发现，中标供应商 A 并没有理解错误报价中的"下浮系数"，只是因为本项目招标之后，相关材料价格上涨，经计算过后认为履行合同没有利润可赚，假以错误理解"下浮系数"为由来放弃中标资格，拒不与采购人签订政府采购合同。

　　因上述理由并非正当理由，因此财政部门根据《中华人民共和国政府采购法实施条例》第七十二条和《中华人民共和国政府采购法》第七十七条的规定，依法对中标供应商 A "无正当理由拒绝签订政府采购合同"的违法行为作出罚款、列入不良行为记录名单以及在一定年限内禁止参加政府采购活动的处罚。

　　为了保证招标活动公开、公平、公正和诚实信用的原则，投标活动中的各个行为都受到了相应法律规定的约束，无故拒签中标合同，情节严重的还将面临追究刑事责任。

27.3 项目技能提升

任务 27-4 组建工程造价咨询企业

> 讨论确定公司名称、企业法定代表人、成立日期等基本信息资料。

表单填写区

1. 查找公司成立的流程，以流程图的形式完成。

2. 填写公司信息

（1）公司名称：_____

（2）法定代表人：_____

（3）成立日期：_____

（4）组织机构代码证号：_____

3. 证件制作（企业营业执照、开户许可证、组织机构代码证、企业资质证书等），拍照提交（附件 1，直接填写）

任务 27-5 查找工程招标相关信息

> 查找当地近期绿化项目信息和任务项目的相关信息。

表单填写区 1（查找当地近期项目信息）

1. 查找当地近期园林绿化类建设工程项目的招标公告，填写其项目名，并整理其组成内容。

（1）项目名称：_____

（2）招标公告组成内容：_____

_____

_____

2. 找出该项目中标候选人公示通告，并列出第一中标候选人单位及其报价。

（1）第一中标候选人：_____

（2）第一中标候选人报价：_____

3. 找出该项目中标公告，并列出其中标单位及其项目编号。

（1）中标单位：_____

（2）项目编号：_____

4. 整理出该项目的发布公告时间和其中标公告发布时间，并估算其投标周期。

（1）招标公告发布时间：_____

（2）中标公告发布时间：_____

（3）投标周期：_____

表单填写区 2（查找指定项目信息）

利用网络资源查找 "**学院校园管网改造工程"相关信息。（可结合当地情况设置项目题干）

（1）投资金额：_____

（2）招标方式：_____

（3）第二中标候选人：_____

（4）中标单位：_____

（5）中标报价：_____

任务 27-6 整理目标项目信息

整理招标文件和组成，和本项目的相关信息。

扫码获取资料（27-6 资源）

表单填写区

1. 查找当地近期建设工程项目的招标文件，填写其项目名，并整理招标文件组成内容。

（1）项目名：_____

（2）招标文件组成内容：_____

_____

_____

_____

_____

2. 根据给定的招标文件寻找 "温州科技职业学院三期工程（北校区）室外附属及景观绿化工程"相关信息。

（1）项目名称：_____

（2）资质要求：_____

_____

_____

_____

（3）工程招标范围：_____

_____

_____

（4）承包方式：_____

（5）资格审查资料：_____

_____

_____

（6）投标保证金：_____

3. 根据给定的清单（或招标控制价），列出 "温州科技职业学院三期工程（北校区）室外附属及景观绿化工程"并进行类别划分。

（1）单项工程：_____

（2）单位工程：_____

_____

（3）专业工程：_____

_____

知识链接：发包方式的选择与确定

全部施工内容只发一个合同包（总承包），还是划分为几个独立合同包（平行发包）？分标界面如何划分才清晰？不同的工程建设阶段的聚合程度和不同融资方式相组合，可得到不同的合同形式与制度安排，由此形成各种不同的工程采购管理模式、发承包模式。

按照工程承包方式和范围的不同，业主可能订立几十份合同。例如将工程分专业、分阶段委托，将材料和设备供应分别委托，也可能将上述委托以形式合并，如把土建和安装委托给一个承包商，把整个设备供应委托给一个成套设备供应企业。

当然，业主还可以与一个承包商订立一个总承包合同，由承包商负责整个工程的设计、供应、施工，甚至管理等工作。因此，一份合同的工程范围和内容会有很大区别，这些都需要业主进行详细考虑。

发包方式选择表

序号	发包方式	说明	合同关系
1	分散平行承包	业主将勘察设计、设备供应、土建、装饰、电气安装、自控安装、工艺安装、设备安装等工程施工分别委托给不同的承包商	各承包商分别与业主签订合同，各承包商之间没有合同关系
2	全包（又称：统包、一揽子承包、设计建造及交钥匙工程）	由一个承包商承包项目的全部工作，并向业主承担全部工程责任，包括勘察设计、供应、各专业工程施工，甚至包括项目前期筹划、方案选择、可行性研究和项目建设后的运营管理	业主与总承包商只有一个合同关系，总承包商再与其他分包商产生合同关系
3	上述二者之间的中间形式	将工程委托给几个承包商，如设计、施工、供应等承包商	

27.4 小结与提升——书今之所悟

1. 中标后，甲方可以反悔吗？请发表观点并说明理由。

_____

_____

_____

2. 招标文件出现的错误会产生什么影响？列举其他相关案例进行阐述。

_____

_____

_____

_____

_____

27.5 拓展延伸

招标文件出现低级错误会产生什么影响？招标文件（谈判文件、磋商文件等）里不要出现低级错误，否则若因此而导致废标，浪费时间和精力，得不偿失。以江苏省财政厅政府采购供应商投诉处理决定书（苏财购〔2018〕21 号）中由于招标文件前后描述不一致导致废标为例进行案例分析。

扫码阅读（27.5 拓展延伸）

项目 28　编制招标文件及招标控制价

项目导入

一木成树，双木成林，三木就是一片森林。

工程造价管理团队的成员有：土建造价工程师、安装造价工程师，及其他相关专业的工程师、经济师。对于一个有效的团队而言，其规模不是越大越好，而是按建设工程项目的规模，以最有效的配置为宜，一般在 2 ~ 16 人，这样可以使团队的成员比较容易面对面地交流和互相影响。

能力目标和要求

➢　　了解造价工程师工作职责。

➢　　了解招投标工作的时间节点要求。

➢　　初步具有招标文件、技术标编制能力。

➢　　能够熟练运用工程预算软件进行商务标的编制。

28.1　项目情感准备——古往今来话

造价工程师职业资格制度规定包括造价工程师考试、注册、执业、继续教育。这些规定旨在提高固定资产投资效益，维护国家、社会和公共利益，充分发挥造价工程师在工程建设经济活动中的作用。

了解《造价工程师职业资格制度规定》中的相关规定。

扫码获取资料
（28.1 项目情感准备）

1. 哪些企业和活动中要配备注册造价工程师？

_____

_____

2. 土木建筑工程类造价工程师考试的专业科目和基础科目分别是由哪个部门负责命题？

_____

_____

3. 查找了解注册造价工程师的注册条件。

_____

_____

_____

4. 造价工程师在执业时应注意哪些要求？应参加哪些活动？禁止哪些事项？

_____

_____

知识链接：一级造价工程师和二级造价工程师从事的工作有什么不同？

二级造价工程师主要协助一级造价工程师开展相关工作，一级造价工程师考试和二级造价工程师考试没有先后顺序。只要符合该门考试的报考条件，就可报名参加考试。

《造价工程师职业资格制度规定》规定了一级造价工程师和二级造价工程师的执业范围，二级造价工程师可独立开展以下具体工作：

（1）建设工程工料分析、计划、组织与成本管理，施工图预算、设计概算编制。

（2）建设工程量清单、最高投标限价、投标报价编制。

（3）建设工程合同价款、结算价款和竣工决算价款的编制。

28.2 项目知识提炼

任务 28-1 掌握统计施工图的工程量的方法

施工图工程量计算是工程预算编制的关键环节，涉及到工程成本、进度和质量的直接影响。在进行施工图工程量计算时，需要熟悉图纸和规范，选择合适的计算方法，确保数据的准确性和完整性，并及时进行调整和修改。

整理用 CAD 统计
苗木数量的方法。

扫码视频学习（28-1.mp4）
获取资料（28-1 资源）

表单填写区

1. 如何消除重叠的苗木图块？整理一个简单的流程和命令。

_____

_____

_____

2. 整理乔木统计命令。

_____

_____

3. 如何计算或统计片植苗木命令。

_____

任务 28-2 了解招投标过程中时间及期限的规定

招标文件的发售期是确保招标投标流程公开、透明和竞争性的重要环节，通过合理设定发售期，可以有效地保障投标人的权益，提高招标投标的效率和效果。

分析招投标过程的时间规定要求。

扫码视频学习（28-2.mp4）
获取资料（28-2 资源）

表单填写区

1. 招标文件的发售期至少要多久？

_____

2. 民法规定的小时及日、月、年计算时有哪些注意事项？

_____

_____

_____

3. 投标文件递交时间最短需要多久？

_____

任务 28-3   了解工程招标方式类型

建筑工程招标方式的确定是项目业主在项目实施过程中的关键环节，招标方式的选择关系到工程的成本、质量和效率。

建筑工程招标方式是项目业主在项目实施过程中的关键环节，招标方式的选择关系到工程的成本、质量和效率。招标可以根据组织方式分为自行招标和委托招标，根据《招投标法》招标形式可以分为公开招标、邀请招标。

熟悉常见的招标方式。

扫码视频学习（28-3.mp4）
获取资料（28-3 资源）

表单填写区

1. 常采用的招标形式有哪些？试说明其使用场合和各自的优缺点。

_____

_____

_____

2. 在相关网上网站，根据所列招标形式找出近期该类型的工程项目，列出其对应的项目名称和项目编号。

_____

_____

28.3 项目技能提升

任务 28-4 制定项目实施进度

项目进度计划是指反映项目中各项工作的开展顺序、活动间的逻辑关系、活动开始完成时间及项目工期的计划，以确保项目按期完成。通过简易表单的制订，明确完成该项目的进度，同时根据附录2制作造价工程师证书。

_____招标代理公司

项目：	温州科技职业学院三期工程（北校区）室外附属及景观绿化工程					
计划完成时间：	年 月 日					
项目负责人：	1					
造价工程师（一级）：	2					
造价工程师（二级）：	3	4		5	6	

扫码获取资料（28-4 资源）

分工及时间进度表

姓名	工作任务	Day1	Day2	Day3	Day4	Day5	Day6	
姓名 1	任务单填写、招标文件编制、汇报文件制作、项目汇报							
姓名 2	新建工程明确分区、费率调整、说明书、汇总、检查							
姓名 3	A 区-清点数量、编制清单、清单计价、调价							
姓名 4	B 区-清点数量、编制清单、清单计价、调价							
姓名 5	C 区-清点数量、编制清单、清单计价、调价							
姓名 6	E 区-清点数量、编制清单、清单计价、调价							

公司管理制度（参考）

1. 工作期间不得做与工作无关的事
2. 团队成员不得随意请假，如造成旷工影响工期等将扣除个人绩效
3.
4.
5.
6.

每日总结（项目负责人填写）

任务 28-5　编制招标公告及文件

招标公告及文件是参与招投标过程的重要依据，它包含了招标项目的详细信息、投标要求、时间安排等关键内容。在投标时，投标人需要根据招标人发布的招标公告中的具体要求，按时递交符合要求的投标文件。因此，招标单位必须掌握材料的发售要求、期限等规定。

招标文件编制任务实施单（项目负责人填写）

序号	任务及要求	填写区
1	建安工程造价（根据计算后的招标控制价填写）	
2	建设规模	绿地种植面积 A 区绿地种植面积： B 区绿地种植面积： C 区绿地种植面积： E 区绿地种植面积：
3	投标人资格要求	
4	招标文件发售期最少天数要求	
5	提交投标文件的期限最少天数要求	
6	参考最新的招标文件案例，编制招标文件，并列出修改点 原始招标文件在项目 27 的 27-6-2 资源	

任务 28-6　新建工程明确分区

　　在大型项目中，需要不同专业工程的造价人员分工完成造价任务，因此明确所要负责的区域，划分区域的范围对后续的团队合作十分有必要。如果划分不明确，会出现漏项和重复项等情况，势必影响后续的造价。

新建工程明确分区任务实施单（一级造价工程师填写）

序号	任务及要求	项目内容
1	明确项目分区，在图纸总平面图中圈画出四个分区，并提交详细的分区图（注意乔木和灌木的划分应明确）	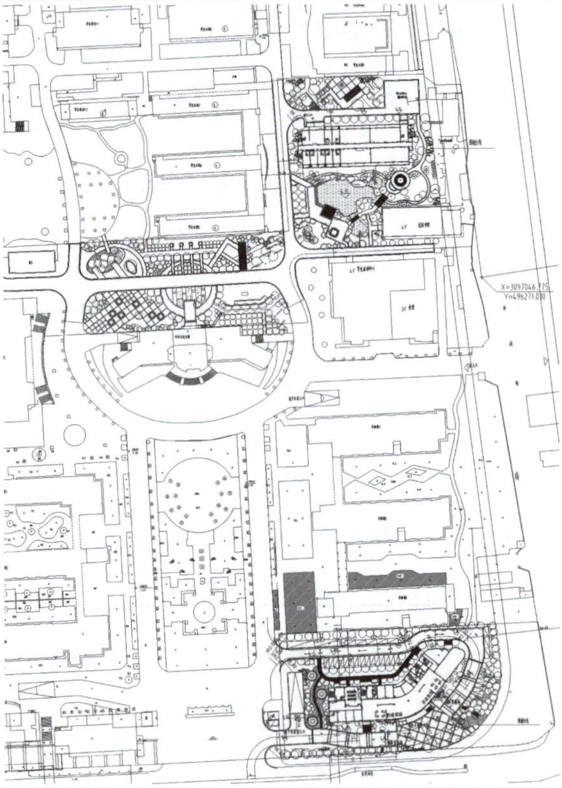
2	明确说明书中需要统一的内容	

任务 28-7　编制分区工程量清单

　　工程量清单是由招标人负责编制的，它列出了要求投标人完成的工程项目及其相应的工程实体数量。这为投标人提供了拟建工程的基本内容、实体数量和质量要求等的基础信息。因此，招标人在编制工程量清单时应根据图纸及相关的规范进行准确的计算，承担工程量清单计算的风险。

_____ 区工程量清单编制任务实施单（二级造价工程师填写）

序号	任务及要求	填写区
1	棵植苗木统计方法,填写命名及步骤	
2	片植苗木统计方法,填写命名及步骤	
3	平整场地面积如何计算,列出步骤、计算式	
4	土方体积计算方法,写明步骤、计算式	
5	计算笔记(填写一些关键问题或是易出错点)	

任务 28-8　编制分区工程量清单控制价

工程量清单控制价的主要作用是为投标单位提供一个合理的报价参考，同时也是招标人评估投标报价是否合理的重要依据。工程量清单控制价的编制通常由招标人或其委托的工程造价咨询单位完成。编制时需要考虑工程的设计图纸、工程所在地的市场价格、人工费用、材料费用以及其他可能影响工程造价的因素。编制完成后，控制价会随招标文件一起公布，供投标单位参考。

_____区工程量清单计价任务实施单（二级造价工程师填写）

序号	任务及要求	填写区
1	填写所用的信息价	
2	有哪些植物不能自动生成定额工程量、需要自行填写	
3	有哪些植物需要手动添加主材	
4	自检时出现哪些问题？分别是如何解决的？	
5	计算笔记（填写一些关键问题或是易出错点）	

任务 28-9　打印、检查与装订报表

　　打印、检查与装订造价报表是一个细致且重要的过程，应检查报表中的每一个细节，包括图表、注释和附注，确保所有信息完整且清晰可读，并确保所有相关人员（如项目经理、财务主管等）已经审核并签字确认，以保证报表的合法性和有效性。

　　二级造价工程师则主要协助一级造价工程师开展相关工作。一级造价工程师应检查二级造价工程师编制的工程量清单、材料价格、人工费用等，检查二级造价工程师的工作成果，确保所有细节都已考虑周全，还可能承担培训和指导二级造价工程师的责任，帮助其提高专业水平和工作效率。

_____分区工程量清单计价任务实施单（一级造价工程师填写）

序号	任务及要求	填写区
1	协助二级造价工程师完成工作手记	
2	汇总后发现的问题手记	
3	答辩问题记录和修改思路	

任务 28-10　项目小结及汇报

开标是指在投标人提交投标文件后,招标人依据招标文件规定的时间和地点,开启投标人提交的投标文件,公开宣布投标人的名称、投标价格及其他主要内容的行为。本项目为招标文件的编制,可以参考投标进行评分,同时结合学生学习结果进行总结评价。

进行自评和师评环节。

扫二维码,提交成果
(包括招标文件、电子表单、原文件)

分数构成		评分标准	自评得分	教师评价
基础分		每个组,每人起始分 60 分,六人组计 360 分。即,全部完成项目上交文件,无明显缺项,且完成每日小结。缺少处在汇报前完成即可每人获 60 分		
激励加减分体系	汇报得分	团队汇报模拟招投标实训情况,从条理性、工作量方面、自我反思总结等方面进行排序评分		
	每日小结	每次及时小结,小结清晰,总结到位		
	报价合理性	报价在平均值合理范围,根据接近最终报价的情况进行综合赋分		
	进度加分	每次操作完成的情况,一个进度前 3 依次加分 3、2、1 分		
	答辩提问环节	每找出一组其他组的新错误,加 1~3 分。问题围绕,项目齐全工程量准确		
	课堂反馈互动	能回答教师问题每个计 1 分;能帮助其他团队公开解答一处问题每次加 1 分		
	扣分	旷工、怠工、随意干扰、迟到		
合计				

其他:如团队赋分安排补充

28.4　小结与提升——书今之所悟

1. 观看视频,对课程进行总结,除了计算外,造价行业还面临什么样的挑战?

_____

_____

_____

2. 从投标人角度出发,分析可在哪些方面做好投标文件的编制工作。

_____

_____

28.5　拓展延伸

在竞争激烈的招投标市场中,细微的疏漏往往成为功亏一篑的致命伤。据统计,超六成投标被废标的直接原因并非企业实力不足,而是文件编制中的低级失误——从标书编号错位、签字盖章遗漏,到资质证明过期、报价单位不符等细节问题,均可能直接触发否决性条款。这些因"技术性失误"导致的失败不仅造成资源浪费,更削弱企业市场竞争力。为此,构建一套严谨的标书检查机制,从源头规避非实质性风险,已成为投标管理的核心环节。

扫码阅读
(28.5 拓展延伸)

附录 1   实训评价表

"学习情境五   园林工程电算化计价"总体评价表

成绩评分表

组成	考核内容			评分标准	标准分值	所占百分比
实训报告	一、实训目的			目的明确清晰	3	30%
	二、实训原理			原理清晰	3	
	三、实训步骤			步骤明确	4	
	四、实训内容	（一）新建工程		图文结合，表达清晰明确，没有漏项	5	
		（二）工程信息填写	（1）工程概况		5	
			（2）清单编制说明		5	
			（3）控制价编制说明		5	
		（三）费率设置	（1）园林绿化工程		5	
			（2）园林景观工程		5	
		（四）分部分项	（1）园林绿化工程		5	
			（2）园林景观工程		5	
		（五）技术措施			5	
		（六）工料机汇总	（1）园林绿化工程		5	
			（2）园林景观工程		5	
		（七）其他项目	（1）暂列金额明细表		5	
			（2）专业工程暂估价		5	
			（3）计日工表		5	
			（4）总承包服务费计价表		5	
		（八）报表打印	（1）招标清单		5	
			（2）控制价清单		5	
	五、实训总结			逻辑清晰，调理清楚，总结深刻	5	
课堂成果	（1）项目 21 新建造价项目文件			当场检查学生的课堂完成情况，根据学生的参与情况和完成情况综合给分	计取平均值	40%
	（2）项目 22 编制园林工程工程量清单					
	（3）项目 23 编制绿化部分招标控制价					
	（4）项目 24 编制景观部分招标控制价					
	（5）项目 25 查找信息价和市场价					
	（6）项目 26 检查、打印报表与总结					
预算书及报表打印	（1）预算书完整性			内容齐全、各类表格按规定编排整齐有序；电子表单和原文件均完整提交	20	30%
	（2）文字说明（清单、控制价说明、工程概况）			文字说明准确、清楚，符合招标文件要求；对费率、取费时间方面的要求明确	10	

续表

组成	考核内容	评分标准	标准分值	所占百分比
预算书及报表打印	（3）费率设置	取费标准统一，无漏项	5	30%
	（4）清单描述（绿化、技术、清单）	清单描述清晰，无漏项	15	
	（5）工程量计算（包括计价用工程量和计算用工程量）	项目齐全、工程量准确	15	
	（6）定额套用（含自编定额的编制准确）	套用准确，换算准确	15	
	（7）材料清单（包括材料价格调整）	设备齐全、主材及暂估材料勾选、无漏调价差	15	
	（8）其他项目	暂列金等项目均正确填写，无遗漏	5	

"学习情境六　模拟工程招标书编制实训"总体评价表

分项组成	项目号	考核内容	评分标准	标准分值	所占百分比
项目 27　组建团队及信息整理 15%	/		根据任务完成情况评分	100	
项目 28　编制招标文件及招标控制价 70%		28.2 项目知识提炼	三个任务成绩取平均值	100	5%
	1	28-4 制定项目实施进度	分工安排图内容完整、字迹清晰、公司管理制度详细、分配合理	100	10%
	2	28-5 编制招标公告及文件	建安工程造价、建设规模、投标人资格要求、招标文件发售期、提交投标文件的期限、列出招标文件的修改点、招标文件的编制	100	10%
	3	28-6 新建工程明确分区	分区明确、统一工作安排	100	5%
	4	28-7 编制分区工程量清单	棵植苗木统计方法、片植苗木统计方法、平整场地面积如何计算、土方体积计算方法、计算笔记	100	25%
	5	28-8 编制分区工程量清单控制价	填写所用的信息价；有哪些植物不能自动生成工程量；有哪些植物需要手动添加主材；自检时出现哪些问题，分别是如何解决的，进行列明；计算笔记	100	35%
	6	28-9 打印、检查与装订报表	协助二级造价师工作手记；汇总后发现的问题手记；答辩问题记录和修改思路	100	10%
		小计			
汇报总结汇报（15%）		基础分	每个组，每人起始分 60 分，六人组计 360 分。即全部完成项目上交文件，无明显缺项，且完成每日小结。缺少处在汇报前完成即可每人获 60 分	60	
	激励加减分体系	汇报得分	团队汇报模拟招投标实训情况，从条理性、工作量方面、自我反思总结等方面进行排序评分	10	
		每日小结	每次及时小结，小结清晰，总结到位	1	
		报价合理性	报价在平均值合理范围，根据接近最终报价的情况进行综合赋分		
		进度加分	每次操作完成的情况，一个进度前 3 次依次加分 3、2、1		
		答辩提问环节	每找出一组其他组的新错误，加 1~3 分。问题围绕，项目齐全工程量准确		
		课堂反馈互动	能回答教师问题每个计 1 分；能帮助其他团队公开解答一处问题每次加 1 分	+1 分	
		扣分	旷工、怠工、随意干扰、迟到	每次扣 1 分	
		小计			

附录 2 企业证件

统一社会信用代码

营业执照
（副 本）

名　　称
类　　型
法定代表人
经营范围范

注册资本
成立日期
营业期限
住　　所

登记机关

年　月　日

中华人民共和国
组织机构代码证

代　　码：

机 构 名 称：

机 构 类 型：企业法人（法定代表人：　　　）

地　　址：

有 效 期：自　　　年06月01日
　　　　　至　　　年05月31日

颁 发 单 位：　市市场监督管理局

登 记 号：组代管

　　　　说　　　明

1. 中华人民共和国组织机构代码是组织机构在中华人民共和国境内唯一的　，始终不变的法定代码标识，《中华人民共和国组织机构代码证》是组织机构法定代码标识的凭证，分正本和副本。
2. 《中华人民共和国组织机构代码证》不得出租、出借、冒用、转让、伪造、变造、非法买卖。
3. 《中华人民共和国组织机构代码证》登记项目发生变化时，应向发证机关申请变更登记。
4. 各组织机构应当按有关规定，接受发证机关的年度检查。
5. 组织机构依法注销、撤销时，应向原发证机关办理注销登记，并交回全部代码证。

中华人民
共 和 国

国家质量监督检验检疫总局监制

请在证书有效期内每年06月份年检
恕不另行通知。

年 检 记 录

NO.

开 户 许 可 证

核准号：⬛⬛⬛⬛

编号：⬛⬛⬛⬛

经审核，＿＿＿＿＿＿＿＿＿＿＿符合开户条件，准予
开立基本存款账户。

法定代表人（单位负责人）＿＿＿＿＿　开户银行＿＿＿＿＿

账　号＿＿＿＿＿＿＿＿＿

发证机关（盖章）
年　月　日

工 程 造 价 咨 询 企 业

甲 级 资 质 证 书

企业名称：⬛⬛⬛⬛

证书编号：甲⬛⬛⬛

有 效 期：自　年　月　日
　　　　　至　年　月　日

发证机关⬛⬛⬛⬛
年　月　日

中华人民共和国住房和城乡建设部制

企 业 名 称：

经 济 性 质：有限责任公司（自然人投资或
控股）

资 质 等 级：工程招标代理机构乙级
＊＊＊＊＊＊

工 程 招 标 代 理 机 构
资 质 证 书

证书编号：

有 效 期：至　　年　　月　　日

中华人民共和国住房和城乡建设部制

发证机关：

　　年　　月　　日

No.

附录 3　造价工程证书

一级造价工程师
Class1 Cost Engineer

本证书由中华人民共和国人力资源和社会保障部、住房和城乡建设部批准颁发，表明持证人通过国家统一组织的考试，取得一级造价工程师职业资格。

中华人民共和国
人力资源和社会保障部

中华人民共和国
住房和城乡建设部

姓　　名：
证件号码：
性　　别：
出生年月：
专　　业：
批准日期：　　　年　月　日
管理号：

二级造价工程师

本证书由　　省人力资源和社会保障厅批准颁发，表明持证人通过　　省统一组织的考试，取得二级造价工程师职业资格。

省人力资源和社会保障厅
专业技术人员资格考试
证书专用章(1)

姓　　名：
证件号码：
性　　别：
出生年月：
专　　业：
批准日期：
管理号：